門市服務丙級
技能檢定【學術科】

蕭靜雅◎編著

只要依照本書教導的方式正確操作，要通過門市服務丙級學術科技能檢定考試，既簡單又輕鬆。

序

　　現代商業進程已趨向連鎖化、大型化及資訊化，門市服務業發展也由單店經營到多店經營以至於連鎖經營的層次，致使業界對服務業人力需求與日俱增。由於門市服務業為知識密集產業，人才需求量高，但因企業個別資源有限且人員流動率高，為使政府更加重視此一未來經濟重要命脈。為了提升門市專業理念，培養具前瞻性的服務管理人才，針對服務業相關人員，政府推動技能檢定制度，以期提高門市服務人員之專業形象、管理思維及技術，將門市存在的三個空間——從業人員空間、商品空間和顧客空間完美融合，創造企業獲利空間，甚而建立產業升級的具體指標，使業界與消費者共蒙其利。

　　門市服務的管理強調人才的培育及專業知識的養成，進而提升店員的專業競爭力讓門市展現出新的門市面貌，包含服務業應具備的認知、正確的服務人員角色扮演、客戶服務導向的服務銷售技巧，更包含了門市常見的客戶抱怨處理等。此外，門市服務的經營應力求多元化發展，然而標準化的門市服務是需要學者們探索出更有力的經營理論，才能創造門市新的特色和活力提升門市業績及服務水準。

　　本書編著的角度主要是圍繞在：從事流通服務業門市商店第一線從業人員的教育與訓練；參與店舖營運的各項執行工作；對零售商業應具備的基礎概念。內容以門市服務技術士技能檢定規範為綱，分為四大部份：第一篇技能檢定規範須知；第二篇術科試題解析，含服裝儀容、筆試試題、櫃檯作業、地板／玻璃清潔作業；第三篇門市服務理論，含零售概論、門市行政、門市清潔、商品處理作業、櫃檯作業、顧客服務作業、簡易設備操作、環境及安全衛生作業、職業道德等理論的彙整；第四篇學科題庫的解答與分析。

在企業方面，可以有效提供員工教育訓練，並鼓勵員工取得專業證照，進而達到企業永續經營的目標。在學校方面，協助學生順利考上證照，提升學生的專業技巧及第二專長養成，幫助學生畢業後順利就業。俾使提升門市服務業專業化之技術水準和人力素質，進而提升國家競爭力，合理定位服務業之管理水準，提供產業界進用管理人力之基準，並提升職業證照之取得及職場就業機會！

本書得以順利完成，感謝北臺灣科學技術學院提供一個優質的教學環境。特別感謝國立頭城家商吳皇珠老師、國立三重商工林思彤老師及穀堡家商楊潔姿老師所提供的協助與幫忙。餐飲管理系可愛的同學們陳瑩芳、黃啟勝、吳玉梅、余昊、徐子琳、林昂姿、江家君等協助拍攝及示範，讓本書能順利完成，筆者一併衷心感謝。

筆者雖秉持嚴謹，惟書中如有任何疏漏與缺失，敬祈各界先進賢達不吝指教，是感。

蕭靜雅 謹序

目錄

Q&A報名看這裡

Q 什麼人可以報考門市服務丙級檢定？又有哪些應該知道的資訊？

A 舉凡對門市服務從業（零售業／流通服務業／連鎖服務業）有興趣者。

證照名稱	門市服務丙級技術士
發照單位	行政院勞工委員會
有效期限	終生有效證照
工作範圍	從事流通服務業門市商店之第一線從業人員，參與店鋪營運之各項執行工作，並應具備基礎之零售商業概念。
報考資格	一般考生須年滿15歲或有國民中學畢業之資格（未滿15歲需檢附國中畢業證書）
報名證件	1.報名表 2.國民身分證影本2份 3.1吋正面半身脫帽照片3張
考試費用	一般報檢費用：870元 免試學科費用：750元 免試術科費用：270元

考試內容	分為學科與術科兩項，採分別測試檢定，總成績分別及格者，發給丙級技術士證照。
	一、學科範圍：
	    1.零售概論
	    2.門市行政
	    3.門市清潔
	    4.商品處理作業
	    5.櫃檯作業
	    6.顧客服務作業
	    7.簡易設備操作
	    8.環境及安全衛生作業
	    9.職業道德
	二、術科範圍：
	    1.服裝儀容及筆試
	    2.櫃檯作業
	    3.清潔作業

考試地點	學科測試地點以報考人填寫的考區為主，實際以准考證通知為準。 術科測試地點以學科測試地點為分配依據，並於測試日前10日公布。
可應用職務	客戶服務主管、門市／店員／專櫃人員、售票／收銀人員、店長／賣場管理人員、連鎖店管理人員／連鎖服務業、零售服務業、餐飲服務業、生活文教服務業

資料來源：勞委會中部辦公室。

Q 應該如何報名？

A 報名程序重點說明

一、報名表購買（報名表販售期間）

1. 少量購買：於販售期間至全國之7-ELEVEn超商購買。

2. 大量或少量購買：臺北市政府勞工局職業訓練中心、高雄市政府勞工局訓練就業中心、行政院勞工委員會中部辦公室技能檢定服務中心、各縣市簡章販售點（販售期間可電洽05-536-0800 詢問或逕至網站查詢，網址http://skill.tcte.edu.tw）或洽技專校院入學測驗中心技能檢定專案室。

二、報名資料準備

1. 報名表正表及副表各欄位請以正楷詳細填寫並貼妥身分證影本及相片一式3張，字跡勿潦草，所留資料必須正確，以免造成資料建檔錯誤；若報檢人填寫或委託他人填寫之資料不實，而造成個人權益損失者，需自行負責。

2. 檢附報名所需資格證件影本，請於各影本明顯處親自簽名或蓋章，並書寫「與正本相符如有偽造自負法律責任」。

3. 報名所需資格證件請詳閱簡章內容，若報檢資格為年滿15歲者，報名表填寫正確並貼妥身分證影本及相片一式3張即可；持3年內學科或術科及格成績單申請免試學科或免試術科，檢附成績單影本並親自簽名或蓋章切結，不需另外檢附資格證件。

4. 身心障礙或學習障礙需提供協助者、符合口唸試題申請資格者（限定職類）、特定對象申請免繳報名費者，需另填申請表。

三、郵寄報名表件

一律採通信報名，報檢人可就下列方式擇一報名：

1. 團體報名：20人以上得採團體報名，請報檢人詳細填寫報名書表，並檢附資格證件影本統一繳交團體承辦人，正副表之團體報名欄位請蓋團體章，由團體承辦人確認報檢人數與總報名費用後，於各梯次報名受理期間，將團報清冊、劃撥收據及所有報檢人報名表件統一彙寄至技專校院入學測驗中心技能檢定專案室。為便利團體承辦人辦理報名作業，報名前可至全國技術士技能檢定網站（http://skill.tcte.edu.tw）之團體報名單位報名前登錄系統，登錄報檢人各職類／級別／免試別之報檢人數，由系統自動核算經費並列印郵政劃撥特戶存款單與團報清冊。

2. 個別報名：請報檢人詳細填寫報名書表並檢附資格證件影本，於劃撥報名費用後，檢附收據正本，連同報名資格證件一起寄出。

四、資格審查不符者

以電話或簡訊或E-MAIL或書面通知，請注意所填寫之手機號碼、通信地址等聯絡資料務必正確，資格審查不符者，報名表及相關資格證件影本由承辦單位備查不退回。

五、繳納報名費及核發准考證

1. 團體報名：報名費請以團體為單位一筆先行繳納，資格審查通過後，准考證統一寄送團體承辦人，成績單及術科通知單個別寄送。

2. 個別報名：請確認報考職類級別並先行繳交費用，資格審查通過後，依通信地址寄送准考證。

※未於規定期限繳納報名費者視同未完成報名手續。

技術士技能檢定報名流程及報名方式

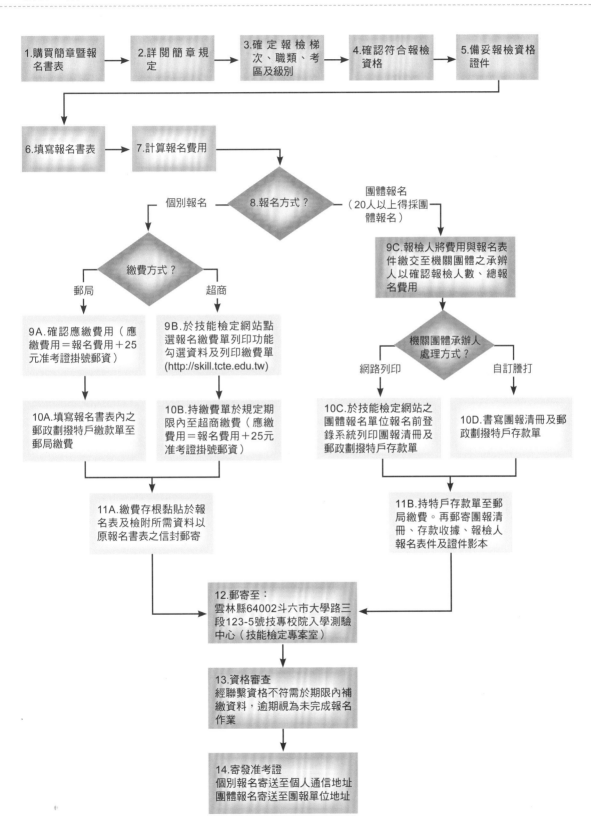

Q 如何報名即測即評？

A 即測即評報名重點說明

一、簡章及報名書表販售地點及期間

1. 販售地點：至全國之7-ELEVEn超商或各即測即評學科測試、即測即評即發證承辦單位購買。
2. 販售期間：自每年1月中至10月底止，確切販售時間請於1月至行政院勞工委員會中部辦公室網站http://www.labor.gov.tw查詢。

二、確定報檢梯次及職類

先詳閱報名簡章或至行政院勞工委員會中部辦公室網站http://www.labor.gov.tw查詢，確認自己要報檢項目的測試地點及時間。

三、報名地點及方式：

1. 地點：即測即評學科測試各承辦單位及即測即評即發證各承辦單位，請參閱簡章說明。
2. 方式：現場報名為原則，親自或可委託他人代為報名。訂有名額限制之職類，1人至多可代理10人報名，惟承辦單位另有規定者，從其規定。

四、報名流程

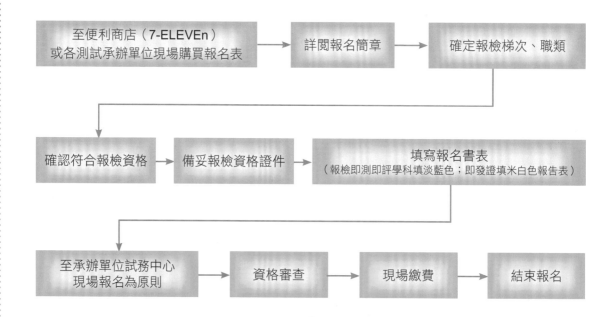

99年度丙級技術士技能檢定報名表（正表）

外籍人士請依居留證姓名填寫
無中文姓名者請填英文姓名

考區代碼	2 3	考區名稱	中正					

大寫與護照相同或以漢語拼音翻譯

中文姓名	陳筱玲		職類代號		職類名稱		職類項目
英文姓名	CHEN, XIAO-LING（與護照相同，如未填寫須迄以漢語拼音轉換，不得異議）		1 8 1 0 0		門市服務		

身分證統一編號	A 2 3 4 5 6 7 8 9 0	出生年月日	57 年 6 月 5 日

外籍人士填統一證號

| 聯絡方式 | 行動電話：0711-536536
E-mail：skm@www.tcte.edu.tw
（使用e管家者請務必詳填E-mail） |
|---|---|

通信地址	∏14-90 台北市內湖區湖洲里1鄰民權東路六段283巷165弄218號
戶籍地址	☑同通信地址　□□□-□□

| 學歷 | □國小 ☑國中 □高中 □專科
□大學 □碩士 □博士 □其他 |
|---|---|

【是否為身心障礙或學習障礙學科需申請協助】
☑否　□是（請檢附附件10申請表）

【是否為特定對象申請免繳費】
☑否　□是（符合申請免繳費資格者請填寫附件28申請表並檢驗相關證明文件，須於報名時一併提出申請，報名後補申請概不受理）

| 身分 | ☑0.一般報檢人 □1.原住民 □2.身心障礙 □3.生活扶助戶
□B. 中高齡非自願性失業者　□C. 更生受保護人
□D. 長期失業者 □E. 獨力負擔家計者 □F. 莫拉克颱風受災者
□其他經行政院勞工委員會指定者 □4 某某某經勞工委員會指定者 |
|---|---|

依實際情況勾選

申請免試學科	□96 □97 □98 □99年參加同職類同級別技能檢定學科成績及格（請檢附學科及格分數成績單影本）
申請免試術科	□96 □97 □98 □99年參加同職類同級別技能檢定術科成績及格（請檢附術科及格成績單影本）
□符合參加技能競賽免術規定者（附件6，檢附獎狀影本，但必須先符合該職類之報檢資格）

口啥試題職類（申請表為附件11、12、13）

□01 外籍配偶國語口啥丙（單一）級試題：中餐烹調、女子美髮、照顧服務員、美容職類。
1. 限外籍及大陸地區配偶。
2. 檢附戶籍膳本。
3. 須符合檢定職類應檢資格。

□02 中餐烹調（限資深廚師）丙級國、台語口啥試題。
1. 45/08/31 以前出生。
2. 國小畢（肄）業證書或未就學證明。
3. 廚師年資15年以上且仍在職。
4. 衛生講習8小時。

□03 營造職類資深人員國、台語口啥試題丙級：鋼筋、模板、混凝土職類丙級。
1. 45/08/31 以前出生。
2. 國小畢（肄）業證書或未就學證明。
3. 營造工作年資15年以上且仍在職。

◆學科測試地點限北部地區、中部地區、南部地區、東部地區，實際測試考區以准考證通知為準。
◆術科測試地點分配以學科測試地點為準。

須依選項目繳驗經簽名切結之資格證件影本

項次	一般報檢資格
☑01	年滿15歲或國中畢業（未滿15歲需附國中畢業證書）

	特殊職類報檢資格
□02	中餐、西餐烹調：一般資格+衛生講習8小時
□03	保母人員：
年滿20歲，包含大陸地區配偶取得長期居留證、依親居留證或合法取得外僑居留證之外籍人士+右列之一
93年以前80小時托育訓練合格結業證書
93年以前兒童福利甲、乙、丙訓練證書
94年以後學事保母、教保或保育人員課程證明書，其中保母人員訓練7學分或126小時
20學分或360小時的托相關訓練課程或進修結業證書
高中職以上幼保相關學程、科事業或大學相關科所在校最高年級或取得畢業證書者
□04	照顧服務員：
年滿20歲，包含大陸地區配偶取得長期居留、依親居留證或工作許可證明文件之外籍人士+右列之一
92年2月13日前居家服務職前訓練或病患服務員訓練或照顧服務員職前訓練結業證明文件。
92年2月14日以後之照顧服務員結業證明書。
高中（職）以上照顧服務相關科系科（含相關教育學程）畢業。請參閱P.30。
□05	職業潛水：
滿18歲+1年內期間國外相當職業潛水丙以上之執照
丙級合格潛水體檢表及衛生教育訓練合格
「健康檢查表」正本及「病歷表」+右列之一
依法設立登記其訓練項目有有職業潛水職類之職業訓練機構辦理4週並達180小時訓練結訓證書。
國防部所屬單位訓練時數12週且達420小時。
□06	年滿16歲：升降機裝修、鍋爐操作、固定式起重機操作、移動式起重機操作、人字臂起重桿操作、第一種壓力容器操作
□07	堆高機操作：堆高機作人員安全衛生教育訓練期滿證明者
□按摩：視障並領有身心障礙手冊者+年滿15歲
測驗方式：□大字、□點字、□錄音帶

| 本表所載之各項資料及所附文件均經本人詳實核對無誤。
報檢人簽章：
陳筱玲 | ※初審簽章 | ※複審簽章 | ※審查結果
□ 合格
□ 不合格 | 團體報名聯繫 |
|---|---|---|---|---|

報檢人簽名或蓋章

報名費另+25元准考證寄送郵資

99年度丙級技術士技能檢定報名表（副表）

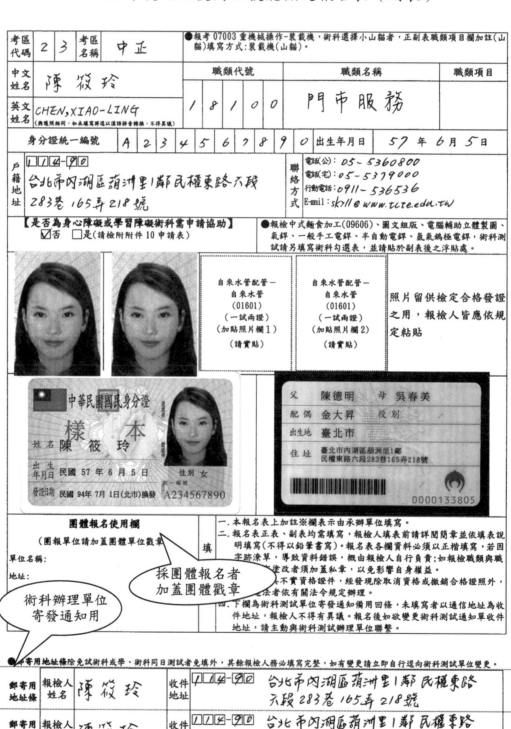

●報考07003重機械操作-裝載機，術科選擇小山貓者，正副表職類項目欄加註(山貓)填寫方式：裝載機(山貓)。

考區代碼	23	考區名稱	中正					
中文姓名	陳筱玲			職類代號		職類名稱		職類項目
英文姓名	CHEN,XIAO-LING（與護照相同，如未填寫逕以漢語拼音轉換，不得具領）			1 8 1 0 0		門市服務		
身分證統一編號	A 2 3 4 5 6 7 8 9 0				出生年月日	57 年 6 月 5 日		

戶籍地址 114-90
台北市內湖區葫洲里1鄰民權東路六段283巷165弄218號

聯絡方式
電話(公)：05-5360800
電話(宅)：05-5379000
行動電話：0911-536536
E-mail：sky11@www.tcte.edu.tw

【是否為身心障礙或學習障礙術科需申請協助】
☑否 □是(請檢附附件10申請表)

●報檢中式麵食加工(09606)、圖文組版、電腦輔助立體製圖、氣銲、一般手工電銲、半自動電銲、氬氣鎢極電銲，術科測試請另填寫術科勾選表，並請貼於副表後之浮貼處。

自來水管配管－
自來水管
(01601)
(一試兩證)
(加貼照片欄1)
(請實貼)

自來水管配管－
自來水管
(01601)
(一試兩證)
(加貼照片欄2)
(請實貼)

照片留供檢定合格發證之用，報檢人皆應依規定粘貼

中華民國國民身分證
樣本
姓名 陳筱玲
出生年月日 民國57年6月5日 性別 女
發證日期 民國94年7月1日(北市)換發 A234567890

父	陳德明	母	吳春美
配偶	金大昇	役別	
出生地	臺北市		
住址	臺北市內湖區葫洲里1鄰民權東路六段283巷165弄218號		

0000133805

團體報名使用欄
（團報單位請加蓋團體單位戳章）

單位名稱：
地址：

採團體報名者加蓋團體戳章

術科辦理單位寄發通知用

填

一、本報名表上加註※欄表示由承辦單位填寫。
二、報名表正表、副表均需填寫，報檢人填表前請詳閱簡章並依填表說明填寫(不得以鉛筆書寫)。報名表各欄資料必須以正楷填寫，若因字跡塗草，導致資料錯誤，概由報檢人自行負責；如報檢職類與職類項目塗改者須加蓋私章，以免影響自身權益。
三、□□□不實資格證件，經發現除取消資格或撤銷合格證照外，□□法者依有關法令規定辦理。
四、下欄為術科測試單位寄發通知備用回條，未填寫者以通信地址為收件地址，報檢人不得有異議。報名後如欲變更術科測試通知單收件地址，請主動與術科測試辦理單位聯繫。

●□寄用地址條除免試術科或學、術科同日測試者免填外，其餘報檢人務必填寫完整，如有變更請立即自行逕向術科測試單位變更。

郵寄用地址條	報檢人姓名	陳筱玲	收件地址	114-90 台北市內湖區葫洲里1鄰民權東路六段283巷165弄218號
郵寄用地址條	報檢人姓名	陳筱玲	收件地址	114-90 台北市內湖區葫洲里1鄰民權東路六段283巷165弄218號

技術士技能檢定報檢人工作證明書

●工作證明書使用時機：本工作證明用於報檢資格中需檢附工作證明者。

●工作證明書使用注意事項如下：

(1)本工作證明書所有欄位必須填寫完整，且應加蓋服務單位及負責人章方才有效。

(2)本工作證明書若內容有塗改應加蓋負責人章方有效。

(3)本工作證明書若工作期間與服役期間重疊應扣除。

技術士技能檢定報檢人 工作證明書				
報檢人姓名		生日	年　月　日	
身分證統一編號		職稱		
任 職 起 迄 時 間		擔任工作內容		
自民國　年　月　日至民國　年　月　日 服務年資：　年　月　日(應扣除服役年資) 　　　□現仍在職　　　　□現已離職 服役狀況： □服役期間：　年　月　日~　年　月　日 □尚未服役或不須服役者				
上列證明如有不實，願負一切法律責任 　　　證明公司(全銜)：　　　　　　　　　　　　(簽章) 　　　負責人姓名：　　　　　　　　　　　　　(簽章) 　　　公司統一編號(或機構立案證號)： 　　　機構地址： 　　　電話號碼： 　中　華　民　國　　　　　　年　　　　　月　　　　　日				

技術士技能檢定報檢人學歷證明書

●如無法提供畢業證書或學生證或在校最高年級證明者請填寫（若內容塗改，塗改處加蓋學校主管職章）。

技術士技能檢定報檢人 學歷證明書			
報檢人姓名		生日	年　月　日
身分證 統一編號		修業期間	年　月～　年　月
學校名稱(全銜)		學制	□高中 □高職 □五專 □其它＿＿＿＿ □二專 □四技 □二技 □大學(含)以上
科系/所(全銜)		修業狀況	□在學＿＿＿年級 □屬最高年級 □畢業 □肄業 □其它＿＿＿＿＿＿
上列證明如有不實，願負一切法律責任 　　　證明學校蓋章： 　　　證明主管職章： 　中　華　民　國　　　　　年　　　　　月　　　　　日			

Q 丙級門市服務技術士是如何檢定的？又有哪些應知道的資訊？

A 丙級技能檢定術科測試試題計有四大題型（三崗位），筆試部分共有90題，檢定時由應檢人依序號崗位分別測驗之，並於規定檢定時間50分鐘內完成。考生對於學科成績有疑慮者可申請複查，見下方「成績複查申請表」，其收費標準由中央主管機關訂定。

另外，各項評定計分方式請詳參「丙級門市服務技術士技能檢定／術科測試試題使用說明」

◎第一大題型：服裝儀容（由應檢人依應檢人指定服裝儀容圖檢定，見第31、32頁）。

◎第二大題型（三崗位）：依專業技能評量、賣場應對及店務評核，計筆試90題，分三類題型，由檢定編號序各抽一題組成一組：

第一題型：服務品質

第二題型：危機處理

第三題型：商圈經營與顧客管理

◎第三大題型（為術科部分）：櫃檯作業（監評人員依應檢人實地檢證評分）。

◎第四大題型（為術科部分）：清潔作業（監評人員依應檢人實地檢證評分）。

丙級門市服務技術士檢定分三崗位為一場，每場檢定人數60人，每崗位應檢人數20人，每日檢定以上、下午各一場為原則，檢定人數為120人。

評分標準以配分乘以每崗位占比，計算後結果為測試最終成績，總成績60分以上者為及格，任何一崗位為"0"分者以不合格計，這是須特別予以注意的部分。

成績複查申請表

全國技術士技能檢定學科成績複查申請單

申請人姓名		職類名稱			級別	
身分證統一編號		准考證號碼		電話		
事　　由	申請　　年度第　　梯次技能檢定■學科測試成績複查					
	原得成績：　　　申請日期：　　　　申請人簽名或蓋章：					
檢附資料	□身分證明文件影本　　　□貼妥掛號郵資及填妥收件人資料之回件信封					
申請流程	填寫本申請單→備妥檢附資料→寄至技專校院入學測驗中心技能檢定專案室 ※應檢人須在接到學科成績通知後15日內以書面申請(郵戳為憑)					

✂---

全國技術士技能檢定術科成績複查申請單

申請人姓名		職類名稱			級別	
身分證統一編號		准考證號碼		電話		
事　　由	申請　　年度第　　梯次技能檢定■術科測試成績複查					
	原得成績：　　　申請日期：　　　　申請人簽名或蓋章：					
檢附資料	□身分證明文件影本　　　□貼妥掛號郵資及填妥收件人資料之回件信封					
申請流程	填寫本申請單→備妥檢附資料→寄至右列受理單位 ※應檢人須在接到術科成績通知後15日內以書面申請(郵戳為憑)		□全國(不含北高二市)－勞委會中部辦公室 □臺北市考區－臺北市職業訓練中心 □高雄市考區－高雄市訓練就業中心			

第一篇

技能檢定規範須知

熟記各項監評標準，避免扣分！

除了平日技能與知能應有的準備外，還有一項要做的工作——那就是熟記各項扣分項目及扣分標準。檢定當日，一旦進入考場範圍，監評便已展開，不要以為只有在術科試場或學科試場才會有監評、才會被扣分，這是須特別注意的。

壹、丙級門市服務技術士／技能檢定規範說明

在商業現代化進程中，連鎖化、大型化、資訊化的趨勢不斷演進，門市服務業發展也從單店經營到多店經營以至連鎖經營的層次，以2004年為例，國內連鎖服務業已占零售總產值的45%，連鎖產值已突破兆元大關，可知連鎖服務業在國民經濟活動中扮演相當重要的角色。近年來隨著國內經濟結構轉型，服務業已逐步取代製造業，服務業的迅速興起，使得業界對人力資源的需求與日俱增。

門市服務業為知識密集產業，人才需求量高，但因企業個別資源有限，且人員流動率高，為使政府更加重視此一未來經濟重要命脈，提升專業理念，培養具前瞻性的服務管理人才，也為了累積國際商業實力的整體效益，積極引進最新經營管理技術並同時擴展教育訓練的功能，將針對服務業相關人員，推動技能檢定制度，以期提高門市服務人員之專業形象、管理思維及技術，對於服務業相關人員專業價值的肯定、人才晉用品質提升、消費者的權益保障，將門市存在的三個空間——從業人員空間、商品空間和顧客空間完美融合，創造企業獲利空間，甚而建立產業升級的具體指標，使業界與消費者共蒙其利。

本規範考量現階段國內商業環境及服務業人才培育現況，參考先進國家作法，彙整專家學者建議，規劃門市服務技術士技能檢定之工作規範，以為未來檢定作業實施之準則。本階段以乙級門市服務技術士規劃為主，主要對象乃針對從事門市管理之人員，開辦檢定後再依業界需求，次第規劃甲級之檢定，裨益逐步提升業界人才之素質，強化產業競爭力。

相關門市服務技術士之檢定架構如下：

一、本規範所謂之門市服務，泛指以門市型態服務消費者之服務業業態，如連鎖服務業，可分零售服務業、餐飲服務業與生活文教服務業，由於業態間行業實務差異性大，門市服務乙級技術士之檢定主要是以零售服務業門市管理人員為主，餐飲服務業與生活文教服務業門市管理人員為輔，予以店務營運中之各項指導與派任工作能力之檢定。

二、門市服務乙級技術士檢定之標準，概以門市管理人員應具備之商業理論、門市與商品相關計畫、管理及經營技術及顧客服務等，為主要檢定內容。

三、本規範之檢定項目分為學科與術科兩項，採分別實施檢定，均應達標準方能授予乙級技術士資格。有關學科與術科之範圍，包括零售與門市管理、門市商品

管理、門市銷售管理、門市人力資源管理、門市營運計畫與管理、門市商圈經營、門市顧客服務管理及門市危機處理等八項目，請參照工作規範所列各項，含技能標準與相關知識。

貳、丙級門市服務技術士／技能檢定規範

公　　　告：行政院勞工委員會95.01.12勞中二字第0950200006號
級　　　別：丙級
工作範圍：從事流通服務業門市商店之第一線從業人員，參與店鋪營運之各項執行工作，並應具備基礎之零售商業概念。
應具知能：請參照下列各項技能與相關知識。

工作項目	技能種類	技能標準	相關知識
一、零售概論	(一)零售業的定義、分類以及業態特色	1.能正確理解零售業的定義與分類。 2.能區隔不同零售業態的經營特性。 3.業態分類表編制。 4.業態管理概念。 5.業態特色內容說明。 6.業態經營特色。	1.瞭解業態分類的意義。 2.瞭解業態特色的意義 3.瞭解業態經營概念。 4.瞭解零售之意義及其重要性。 5.瞭解業態特色以及其經營管理。
	(二)零售管理功能意義與趨勢	1.零售管理之定義。 2.零售管理之功能。 3.網路零售、關係行銷與綠色銷售。	1.瞭解零售管理之意義與重要性。 2.瞭解零售管理之功能與目的。
二、門市行政	(一)瞭解零售業門市日常作業重點	1.能正確說明門市一天的主要工作內容。 2.能掌握工作的優先順序。	1.瞭解門市作業的重點與步驟。 2.瞭解基本工作職責與工作排程觀念的建立。
	(二)人員管理	1.招募及各項福利制度與教育訓練內容。 2.能正確掌握人員出勤狀況並管理。	1.瞭解招募作業的意義。 2.瞭解門市甄選流程與用才標準。 3.瞭解出缺勤管理的意義。 4.瞭解訓練、教育、人力資源發展知識。
	(三)報表製作	1.營業流程之瞭解。 2.各項報表運用與製作。	1.門市每日、每週、每月營業流程之正確執行。 2.報表製作與運用。 3.向主管陳報、解說。

工作項目	技能種類	技能標準	相關知識
三、門市清潔	(一)門市清潔範圍及環境	1.能正確執行清潔門市內外及周圍環境。 2.整理維持門市內外環境的清潔。	1.瞭解清潔範圍及周邊環境清潔對環境衛生的要求。 2.執行門市清潔的落實及維持的重要性。
	(二)清潔各項作業	1.能正確瞭解清潔範圍、項目及步驟。 2.能正確使用清潔方法、用具、用品以達到門市清潔效果。 3.能安排定期維持門市的清潔。	1.瞭解確實執行門市清潔與維持之重要性。 2.環境清潔。 3.貨架清理。 4.設備清潔。 5.正確執行清潔相關程序，有效達到清潔效益。
	(三)清潔安排程序及後續作業	1.能按正確清潔程序進行操作清潔。 2.門市清潔後續維護處理。	1.正確清潔作業程序安排。 2.後續清潔管理或定期維護的重要性。
四、商品處理作業	(一)商品知識建立	1.商品種類之認識。 2.商品品質概念。	1.門市商品管理。 2.品質保證觀念。
	(二)商品進退貨	能正確執行進退貨流程之處理。	1.瞭解進退貨的意義。 2.進退貨處理程序。
	(三)商品理貨與報廢程序處理	能正確執行理貨與報廢程序。	1.瞭解理貨與報廢的意義。 2.瞭解報廢處理程序。
	(四)商品補貨	能正確執行補貨程序。	瞭解補貨流程的意義。
	(五)商品陳列	1.商品陳列的意義。 2.商品配置的原則與執行作業。	1.瞭解商品陳列應注意的事項。 2.瞭解商品配置的原則與執行作業程序。
五、櫃檯作業	(一)掌握門市櫃檯服務應對的工作重點	1.櫃檯服務禮貌用語。 2.櫃檯收銀作業內容重點。	1.瞭解門市櫃檯作業的範圍與工作職掌。 2.瞭解門市櫃檯作業的顧客應對禮貌用語以及收銀步驟。
	(二)櫃檯標準配置	1.能依標準配置，陳列各式設備道具、用品與商品。 2.正確整理櫃檯標準配置。	1.瞭解櫃檯配置位置圖及其重要性。 2.瞭解櫃檯作業的意義並能正確執行。
	(三)發票與現金處理	1.收銀流程之正確執行。 2.發票列印與現金管理。 3.能正確的開立與整理二或三聯式發票單據。	1.瞭解櫃檯收款流程的意義。 2.瞭解現金管理的意義。 3.瞭解開立或列印二聯、三聯發票的流程。 4.偽鈔辨識及處理原則。

工作項目	技能種類	技能標準	相關知識
五、櫃檯作業	(四)交接班作業	1.執行櫃檯交接的各項事務與帳務。 2.交接排班表的瞭解。	1.交接班作業程序的掌握。 2.瞭解營業開始與結束作業。
六、顧客服務作業	(一)整理服裝儀容	1.依職場要求穿著較須整齊清潔。 2.能正確依職場要求整理個人服裝儀容。	1.瞭解個人服裝儀容應遵守的規範。 2.瞭解正確的服裝儀容之意義。
	(二)顧客服務及應對態度	1.能主動向顧客問候。 2.能細心、耐心聆聽顧客需求。 3.能正確應對顧客要求的事項。	1.瞭解顧客禮貌及應對態度的重要性。 2.瞭解待客技巧與程序。 3.瞭解人際關係以及溝通技巧。
	(三)服務的執行	1.能活用招呼顧客的手法。 2.能正確的面對與電話應對。	1.瞭解銷售服務的目的。 2.瞭解顧客需求與正確的服務。
	(四)門市顧客關係管理作業	1.能主動積極開發潛在顧客並且掌握顧客的再購買意願。 2.能重視客戶建議並營造良好購物氣氛與環境。 3.售後服務與客訴的即時處理。	1.瞭解門市顧客關係管理作業意義與重要性。 2.瞭解面對顧客的態度的重要。 3.處理客訴應有的態度與處理步驟。 4.瞭解售後服務的意義與重要性。
七、簡易設備操作	(一)門市設備種類的認識與瞭解	1.門市設備種類的瞭解與管理。 2.正確的標準操作程序。	1.瞭解所有門市設備並管理之。 2.操作的標準化程序。
	(二)門市機器設備的操作與使用	1.能依正確步驟或手冊操作門市相關設備。 2.正確操作的相關性安全措施。	1.熟悉機器設備名稱及使用方法。 2.瞭解使用機器設備的安全性及保養維護。
	(三)簡易維護狀況排除與報修程序	1.日常及定期保養作業。 2.基本故障因素的排除。 3.報修處理。	1.例行的保養維護。 2.簡易維修的實施。 3.簡易障礙情況的認知與處理 4.瞭解報修檔案記錄的處理作業。
八、環境及安全衛生作業	(一)門市環境瞭解	1.門市商圈、立地環境。 2.門市配置及動線規劃 3.區域活動參與的重要性。	1.瞭解商圈內顧客、人文及特殊銷售習性以調整門市活動。 2.門市配置及動線的重要性及安全管理。 3.瞭解敦親睦鄰的意義與重要性。

工作項目	技能種類	技能標準	相關知識
八、環境及安全衛生作業	(二)門市環境衛生污染防治概念	1.門市衛生的重要性。 2.門市污染與防治概念。	1.環境衛生對門市營運的意義與重要性。 2.瞭解門市污染及其防治概念。 3.廢棄物的處理作業。
	(三)防搶、防竊與防騙管理作業	1.搶、竊、騙等不當行為的防範作業。 2.發生搶、竊、騙行為的處理作業。	1.瞭解搶、竊、騙發生之時機與手段。 2.相關搶、竊、騙的處理報案與呈報。 3.配合平時防範作業的宣導。
	(四)賣場與消防安全管理作業	1.能夠正確使用用具或方法防止賣場出現安全危機，如滑倒、刮傷等。 2.消防控制及管理概念。	1.賣場可能會出現的安全問題與預防方法。 2.瞭解消防相關的滅火器具、指引正確疏散路線與逃生設備的使用。
	(五)災害的處理	1.相關天災人禍的應變及通報作業。 2.能正確處理或排除災害狀況。 3.相關安全及災害處理設備及工具點檢與操作。	1.瞭解各項門市安全相關的天災人禍狀況。 2.瞭解通報處理作業、紀錄與通報作業。 3.門市安全與災害處理的設備與工具的操作方法瞭解與盤點。
九、職業道德	(一)遵守職場倫理與規章	1.瞭解公司組織。 2.瞭解公司相關規章。 3.保守相關的營業秘密。	1.公司組織架構的瞭解，並從中理解其倫理次序。 2.對公司管理規章的認識與熟悉。 3.對公司內部管理文件負有保密責任，不得任意對外發言。
	(二)瞭解職場道德的重要性	1.敬業精神。 2.學習。 3.職業道德。	1.重視工作價值從而敬業樂群。 2.理解團隊的重要性與職能知識的掌握。 3.謹守職業分際，實行道德規範。

參、丙級門市服務技術士技能檢定／術科測試試題使用說明

一、本套丙級術科測試試題係以「試題公開」方式命題，共分二大部分：

第一部分包含：

(一)試題使用說明。

(二)辦理單位應注意事項。

(三)應檢人須知。

(四)術科測試材料表。

(五)監評人員應注意事項。

(六)術科測試評審表。

(七)術科測試場地及機具設備表。

(八)術科測試試題。

(九)術科測試參考答案　等九大部分。

第二部分：術科測試應檢參考資料。

二、本套試題應於術科檢定前45天寄給承辦檢定單位以憑準備。

三、術科測試辦理單位於檢定兩星期前寄發第二部分「術科測試應檢參考資料」給各應檢人，俾供應檢人使用。

四、術科測試辦理單位應聘請經監評培訓合格人員擔任監評工作。

(一)於寄發通知監評人員時，將以下資料寄給監評人員，俾供參考使用：

1.試題使用說明。

2.辦理單位應注意事項。

3.應檢人須知。

4.檢定材料表。

5.監評人員應注意事項。

6.術科測試評審表。

7.術科測試場地及機具設備表。

8.術科測試（筆試）試題。

(二)於術科測試前監評人員協調會時，發給監評人員以下資料：

1.術科測試（筆試）用紙。

2.術科測試（筆試）參考答案。

五、承辦檢定單位應依設備及工具表所列，備妥各項機具設備及儀表工具等，提供應檢人使用。

六、本套試題採用工作中評審及成品評審並行，監評人員應注意應檢人之工作過程及方法是否正確。

七、本職類丙級技能檢定術科測試試題有四大題型（三崗位），筆試部分共有90題，檢定時由應檢人依序號崗位分別測驗之，於規定檢定時間50分鐘內完成（詳如檢定程序時間表）。

第一大題型：服裝儀容（由應檢人依應檢人指定服裝儀容圖檢定）。

第二大題型：專業技能評量、賣場應對及店務評核（由筆試90題分三類題以每三題型依檢定編號序各抽一題組成一組）如下三類題型：

第一題型：服務品質（依檢定編號序抽一題測試之，試題編號為：18100-940301A-01～30）。

第二題型：危機處理（依檢定編號序抽一題測試之，試題編號為：18100-940301B-01～30）。

第三題型：商圈經營與顧客管理（依檢定編號序抽一題測試之，為：18100-940301C-01～30）。

第三大題型：櫃檯作業（監評人員依應檢人實地檢證評分）。

第四大題型：清潔作業（監評人員依應檢人實地檢證評分）。

八、本職類檢定三崗位為一場，每場檢定人數60人，每崗位應檢人數20人，每日檢定以上、下午各一場為原則，檢定人數為120人。檢定時由監評人員或應檢人依題庫公開抽取題目，其所抽到之試題均應全部使用，評分標準以配分乘以每崗位占比，計算後結果為測試最終成績，總成績60分以上者為及格，任何一崗位為"0"分者以不合格計。

肆、丙級門市服務技術士技能檢定／術科測試檢定程序時間表

項目	內容	內容說明	時間	配分	備註
報到			20分鐘		
第一崗位	服裝儀容及筆試	第一大題型： 1.服裝儀容 第二大題型： 1.服務品質 2.危機處理 3.商圈經營與顧客管理	50分鐘	100	占比30%
評分			10分鐘		
休息			10分鐘		

第二崗位	實地檢證	第三大題型： 櫃檯作業 （一次檢測10人，測驗 25分鐘後換場）	50分鐘	100	占比35%
評分			10分鐘		
休息			10分鐘		
第三崗位	實地檢證	第四大題型： 清潔作業 （一次檢測10人，測驗 25分鐘後換場）	50分鐘	100	占比35%
評分			10分鐘		

伍、丙級門市服務技術士技能檢定／術科測試應檢人須知

一、綜合注意事項

(一)本職類丙級技能檢定術科測試試題有四大題型（三崗位）

第一大題型：服裝儀容（占比：**7.5%**）

第二大題型：專業技能評量、賣場應對及店務評核（筆試）（占比：**22.5%**）

第三大題型：櫃檯作業（占比：**35%**）

第四大題型：清潔作業（占比：**35%**）

每崗位得分乘以配分比率後，為該崗位成績，各崗位成績總和達60分以上者為及格，任何一崗位成績評定為"0"分者，檢定以不合格計。

(二)第一崗位筆試部分共有90題，檢定時由監評人員或應檢人依序號公開抽題測驗之，於規定檢定時間50分鐘內完成（各崗位檢定時間，詳如檢定程序時間表）。試題分三類題型以每三題型依檢定編號序各抽一題組成一組：

第一題型：服務品質（依檢定編號序抽一題測試之，試題編號18100-940301A-01～30）

第二題型：危機處理（依檢定編號序抽一題測試之，試題編號：18100-940301B-01～30）

第三題型：商圈經營與顧客管理（依檢定編號序抽一題測試之，試題編號為：18100-940301C-01～30）

(三)三檢定之設備、工具、材料均由術科測試辦理單位提供，服裝規定請著正式服裝（詳如指定服裝儀容圖）參加，否則以不及格論處。

(四)應檢人請於測驗前詳閱應檢人參考資料，以避免違規或操作錯誤情事發生。

(五)檢定作業截止時間，不得藉故要求延長時間。

(六)應檢結束後，其成品不論完成與否均不得要求攜回，且應將用具及設備歸還原位，並依監評人員指示後，始得離開檢定場。

(七)應檢人應注意工作安全，避免意外事故發生，如有故意違反，情節重大且影響測試進行者，得由監評長確認後，取消應檢資格。

二、檢定當日應注意事項

(一)應依通知日期、時間到達檢定場後，請先到「報到處」辦理報到手續，然後依試務人員安排指定處等候。

(二)報到時，請出示檢定通知單、准考證及國民身分證或其他法定身分證明。

(三)報到完畢後由試務人員集合核對人數點交當日監評長，監評長宣布當日一般注意事項，並當場每一題型各抽取一題測驗之。試務人員應紀錄所抽取題號，並將題號及題目內容張貼、抄寫於黑板上，或發給每位應檢人。

(四)應檢人遲到15分鐘以上未報到者不得進場，並以缺考論處。

(五)監評長宣布依據辦理單位所提供之機具、設備及材料表清點機具、設備及材料，如有短少或損壞，立即請場地管理人員補充或更換，經清點無誤後，應請人應於表上簽名確認；檢定中損壞之機具、設備及材料經監評人員確認責任後，由該應檢人於檢定結束後賠償之。

(六)俟監評長宣布「開始」口令後，才能開始檢定作業。

(七)應檢人應詳閱試題，若有疑問應於檢定開始前10分鐘提出。

(八)檢定中不得有交談、代人操作或託人操作等違規行為，否則以不及格論處。

(九)檢定中應注意自己、鄰人及檢定場地的安全。

(十)在規定時間內提早完成者，於所屬崗位旁等候指令。

(十一)檢定須在規定時間內完成，在監評長宣布「檢定截止」時，應請立即停止操作。

(十二)離場前，將檢定通知單請試務人員簽章後才可離開檢定場。

(十三)離場時，除自備用品外，不得攜帶任何東西出場。

(十四)不遵守試場規則者，除勒令出場外，取消應檢資格並以不及格論處。

(十五)進入檢定場後，應將所有電子通信設備關閉，以免影響檢定場秩序，否則，以違規不及格論處。

(十六)本須知未盡事項，依試場規則處理。

陸、丙級門市服務技術士技能檢定／術科測試檢定場平面圖

一、第一崗位檢定場平面圖

場地	櫃位設計		配置（20人）
第一崗位（服裝儀容與筆試）	一般桌椅　1組 桌　椅		

二、第二崗位檢定場平面圖

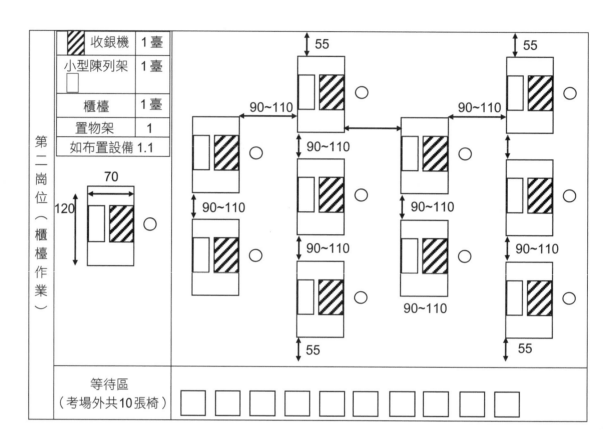

收銀機	1臺	
小型陳列架	1臺	
櫃檯	1臺	
置物架	1	
如布置設備 1.1		

第二崗位（櫃檯作業）

70
120

55 90~110 90~110
90~110 90~110
90~110 90~110
90~110 90~110
55 90~110 55

等待區
（考場外共10張椅）

三、第三崗位檢定場平面圖

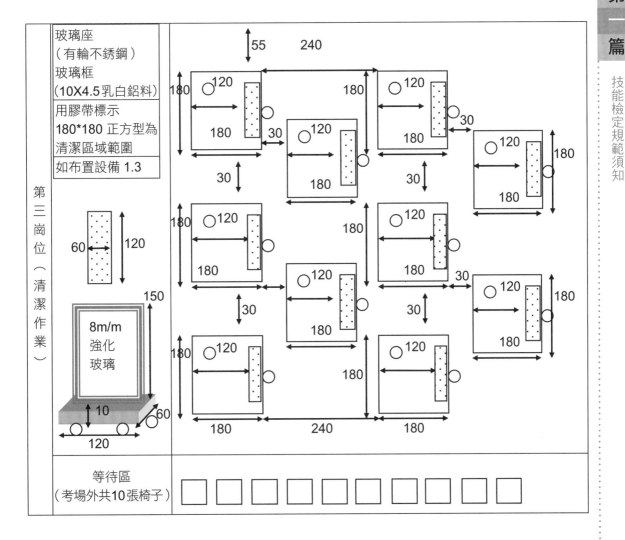

第三崗位（清潔作業）

玻璃座（有輪不銹鋼）
玻璃框（10X4.5乳白鋁料）
用膠帶標示180*180 正方型為清潔區域範圍
如布置設備 1.3

8m/m 強化玻璃

等待區（考場外共10張椅子）

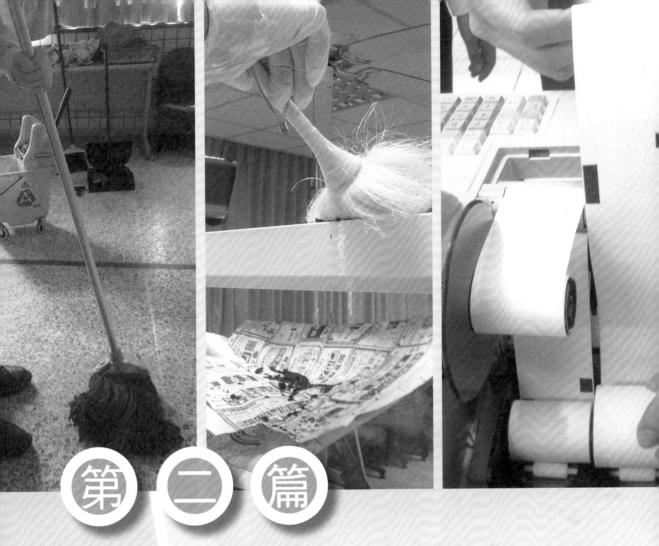

第二篇

術科試題解析

第一崗位　服裝儀容及筆試

項目	內容	內容說明	時間	配分	備註
第一崗位	服裝儀容及筆試	第一大題型： 1.服裝儀容	50 分鐘 （含筆試）	100	占比：7.5%

第一大題型：服裝儀容

一、服裝儀容應考須知

1.進入應考即進行個別評審評分。

2.「個人衛生」「服裝」「儀容」舒服、清潔、整體整潔度、招呼禮節、應對動作及態度自然為主要評分考量，整體感覺滿意或特別突出主要加分項目考量，以不潔為主要扣分項目。

二、評分項目

項目	1.個人衛生		2.服裝		3.儀容	
評分類別	A.首部	B.手（足）部	C.上身	D.下身	E.整潔衛生	F.應對禮節
評分要項	1.頭髮短不過肩或束髮 2.染髮以深褐色為限 3.不濃妝豔抹	1.雙手至肘須潔淨 2.指甲長度不超過指肉 3.指甲潔淨無藏污納垢	1.男：穿襯衫、打領帶；女：正式服裝 2.不著牛仔衣 3.配戴名牌	1.男：黑色短統襪；女：絲襪或短襪 2.著牛仔褲（裙） 3.不著拖（涼）鞋	1.衣服、鞋襪之乾淨度 2.衣著不暴露	1.表情禮節動作（含行進間） 2.報到及應考態度
評分比重	± 5	± 5	± 5	± 5	± 5	± 5

三、頭髮顏色基準

顏色規定							
自然黑	啡黑色	可可咖	酒紅色	金咖色	褐金色	煙草咖	金栗色
⬤	⬤	⬤	⬤	⬤	⬤	⬤	⬤

四、標準服裝儀容規範

(一)女生服裝儀容示範

首部：頭髮短不過肩或束髮、染髮以
深褐色為限及不濃妝

- 女性瀏海不可蓋住眼睛
- 長髮需整理整齊（如綁馬尾、梳包頭）

- 上衣：顏色以淡色素雅系列為主
- 樣式：長（短）袖的襯衫、POLO 衫為主

- 褲子：顏色以黑色、深藍、卡其色系列為主
- 樣式：以西裝褲、休閒褲為主

- 鞋子：以皮鞋、休閒鞋及素色布鞋、運動鞋為主
- 襪子：以絲襪或短襪為主

- 頭髮不可全染或挑染超過顏色基準
- 不可蓄髮、髮長不可蓋住耳際、眼睛

- 衣服乾淨整齊不可破損，拉鍊拉至定位（最上緣）
- 有名牌者佩戴於衣服「左上方」

- 手（足）部：雙手至肘清潔、指甲長度不超過指肉、潔淨無藏污納垢
- 時常修剪保持乾淨、不可彩繪或塗上指甲油
- 不可佩戴戒指或其他配飾

- 不可穿著低腰褲、七分褲、短褲、運動褲……
- 不可穿拖鞋、涼鞋、拖鞋式涼鞋

注意事項

1. 指甲清潔與衛生之要求：雙手十指除潔淨外，指甲長度不得超出指肉。
2. 雙手清潔與衛生之要求：雙手至肘，不著戒指、手鍊、佛珠等。
3. 服裝儀容之檢查，於報到後由監評長執行，不合格者以「扣考」註記。

(二)男生服裝儀容示範

首部：頭髮短不過肩或束髮、染髮以深褐色為限及不濃妝

- 頭髮不可蓋住眼睛
- 男性不可蓄鬚或未清理鬍鬚
- 頭髮需整理整齊

- 上衣：顏色以淡色素雅系列為主
- 樣式：以長（短）袖的襯衫、POLO 衫為主

- 褲子：顏色以黑色、深藍、卡其色系列為主
- 樣式：以西裝褲、休閒褲為主

- 鞋子：以皮鞋、休閒鞋、素色布鞋及運動鞋為主
- 襪子：以黑色短統襪為主

- 頭髮不可全染或挑染超過顏色基準
- 不可蓄髮、髮長不可蓋住耳際、眼睛

- 衣服乾淨整齊不可破損，拉鍊拉至定位（最上緣）
- 有名牌者佩戴於衣服「左上方」

- 手（足）部：雙手至肘清潔、指甲長度不超過指肉、潔淨無藏污納垢
- 時常修剪保持乾淨、不可彩繪或塗上指甲油
- 不可佩戴戒指或其他配飾

- 時常修剪保持乾淨、不可彩繪或塗上指甲油
- 不可佩戴戒指或其他配飾

 注意事項

1. 指甲清潔與衛生之要求：雙手十指除潔淨外，指甲長度不得超出指肉。
2. 雙手清潔與衛生之要求：雙手至肘，不著戒指、手鍊、佛珠等。
3. 服裝儀容之檢查，於報到後由監評長執行，不合格者以「扣考」註記。

五、門市服務丙級技術士技能檢定術科測試／第一崗位：服裝儀容評審總表

檢定日期：　　年　　月　　日（入場：　　時　　分，出場：　　時　　分）

准考證號碼	應檢人姓名	1.個人衛生												2.服裝												3.儀容												得分		
		A.首部						B.手（足）部						C.上身						D.下身						E.整潔衛生						F.應對禮節						(I)(A+B+C+D+E+F)	備註	(I/4)
		5	4	3	2	1	0	5	4	3	2	1	0	5	4	3	2	1	0	5	4	3	2	1	0	5	4	3	2	1	0	5	4	3	2	1	0			
	評分註記 (不及格或特殊情況請註記原因)																																				備註：(評分依據)		
	評分註記 (不及格或特殊情況請註記原因)																																				備註：(評分依據)		
	評分註記 (不及格或特殊情況請註記原因)																																				備註：(評分依據)		
	評分註記 (不及格或特殊情況請註記原因)																																				備註：(評分依據)		
	評分註記 (不及格或特殊情況請註記原因)																																				備註：(評分依據)		
	評分說明	1.頭髮短不過肩或束髮 2.染髮以深褐色為限 3.不濃妝豔抹						1.雙手至指潔淨 2.指甲長度不超過指肉 3.指甲潔淨無藏污納垢						1.男：穿襯衫、打領帶 女：正式服裝 2.不著牛仔衣 3.配戴名牌						1.男：黑色短統襪 女：絲襪或短襪 2.不著牛仔褲（裙） 3.不著球鞋、拖（涼）鞋						1.衣服、鞋襪之乾淨度 2.次著不暴露						1.表情禮節動作（含行進間） 2.報到及應考態度								

監評長簽章：（請勿於測試結束前先行簽名）

監評人員簽章：（請勿於測試結束前先行簽名）

六、提示

不合格服裝儀容宜避免，以免嚴重扣分：

1. 頭髮全染髮，挑染顏色超過基準色。
2. 指甲彩繪、塗指甲油、指甲過長且藏污納垢。
3. 女性長髮未整理整齊、披頭散髮。
4. 佩戴2件以上或直徑超過1公分耳環。
5. 瀏海遮住眼睛。
6. 臉上濃妝豔抹、塗抹深色系或大紅色口紅、眼影及腮紅等。
7. 男性蓄髮且髮長蓋住眼睛或耳際。
8. 男性蓄鬍或未清理鬍鬚。
9. 制服骯髒不整，拉鍊未拉到定位。
10. 嘴部、舌頭、鼻子穿刺佩戴飾品。
11. 穿拖鞋、涼鞋、拖鞋式涼鞋……。
12. 穿著低腰褲、七分褲、短褲、運動褲、破褲、顏色不一的褲子……。

第二大題型：筆試試題

項目	內容	內容說明	時間	配分	備註
第一崗位	服裝儀容及筆試	第二大題型：筆試 1.服務品質 2.危機處理 3.商圈經營與顧客管理	50分鐘（含服裝儀容）	100	占比：22.5%

筆試試題共計90題，分三組題型，以每三組題型依檢定編號序各抽一題組成一組：

第一題型：服務品質（18100-940301A-01～30）

第二題型：危機處理（18100-940301B-01～30）

第三題型：商圈經營與顧客管理（18100-940301C-01～30）

一、第一題型：服務品質（18100-940301A-01～30）

試題 A-01：當客戶進門購物卻買不到想購買的商品，店員應如何處置？

客戶到門市購買商品，門市卻無法提供商品，將會影響客戶到門市購買的意願，因此遇到門市缺貨時，店員應建議客戶購買其他替代品，如客戶不同意，則表示歉意，並進行補救。補救措施通常採用下列幾種方式：

(1)預訂商品：詢問客戶是否願意預訂商品，並向廠商查明產品何時到貨，告知正確進貨時間

(2)臨店調貨：請客戶稍等，打電話確認臨近門市是否有存貨，並告知顧客

(3)替代商品：面銷推薦其他替代商品，若有不同廠牌的同類商品，可先向客人推薦介紹，請客人參考

(4)等待商品：如客戶不急著使用，可請其留下個人資料，等商品到貨時，再由門市人員通知取貨

試題 A-02：當客戶進門購物發現商品不新鮮，並意圖影響賣場其他客戶，如何處置？

首先先安撫客人情緒，不要讓其影響賣場其他客戶，可將其帶離現場，邀至休息室坐下來再談。可以處理的方式如下：

(1)對商品未做好控管表示極度歉意，並確認該商品是否為店內所售出

(2)如果是店內售出，應立即誠心道歉，記錄資料，予以更換或辦理退貨

(3)日後會加強商品管理，請客戶原諒

(4)適當給予客戶補償，如贈送折價券安撫顧客情緒

(5)以誠懇的態度展現，並承諾日後加強員工對商品管理的教育訓練

試題 A-03：當店內值班人員只有1人且臨時身體不適，如何處理？

店員臨時身體不適，又無人替班，此時的處理狀況可以採用以下方法：

(1)打電話通知店長，並請調派人員交班後就醫

(2)情況緊急請臨店人員代為支援

(3)如身體不適到嚴重程度，店員可將店門關上，貼上「臨時有事，暫停營業」告示，盡速就醫

(4)必要時關閉門市，記錄交接事項等，再前往就醫

試題A-04：當總公司傳送客戶抱怨文件，且內容屬實，應如何處置？

客戶抱怨已經成立，且總公司已經將客戶抱怨的情況交代下來，經查證後內容屬實，此時可以採取以下幾種處理方式：

(1)依照抱怨文件內容立即進行改善與補救

(2)公司立即加強人員教育訓練，了解發生客戶抱怨問題的始末原因

(3)親自拜訪或電話向客戶告知公司處理的結果，並表示誠意處理以及改進和補救的措施

(4)將處理結果再次回報總公司

試題A-05：客戶無理取鬧批評商品，應如何處置？

客戶針對商品發出批評，並且已經變相成無理取鬧，無論客戶說的對錯與否，「顧客永遠是對的」，都應該以尊重客戶的想法為優先，不要與之爭辯，先安撫客人情緒，不要讓其影響賣場內的其他客戶。此時可以採取的方法如下：

(1)虛心接受，感謝客戶提醒，表示會跟主管反應，做檢討改善

(2)詢問客戶需求，面帶微笑安撫客人情緒，傾聽批評商品的原因，再逐一針對問題解決

(3)告知店長，呈報上級長官出面處理

(4)客戶仍不滿意，則請店長出面，並邀請至辦公室處理，避免影響其他客人

(5)針對客戶的問題記錄下來，以供公司改進或類似個案做出標準處理程序

試題A-06：今天顧客拿了一項已過保存期限的商品指控店員販賣過期商品，但發票是昨天的，你會如何處理？如果客人在賣場大聲喧嘩時怎麼辦？

顧客拿了過期商品到店內指控，首先應該要先了解顧客是需要受到尊重的，先了解狀況之後再做處理動作，若是客人大聲喧嘩要影響其他顧客，應該如何處理，可以採取以下幾種方式：

(1)先安撫顧客情緒並道歉，不要讓顧客在門市擾亂其他客人購物

(2)請顧客至休息室，請顧客對商品的狀況做說明

(3)向顧客誠心道歉，並確認是否為店內商品。若是，再道歉，並更換新的商品或辦理退貨

(4)出賣過期商品是門市管理的缺失，雖是昨天的發票，門市仍有疏忽，應立即進行補救及檢查商品

(5)關心顧客是否因商品過期而造成身體不適，以誠心負責的態度表示，並給予適當補償

(6)將處理情形記錄於工作日誌，作為日後類似事件處理參考

試題A-07：請問你是否曾有主動提供顧客貼心服務的小動作？若有，請敘述當時的情境與對話

店家為了服務顧客，最基本的出發點就是要站在顧客的角度，適時的提供援助、親切的問候，以及貼心的小動作，以下幾項可以提供參考：

(1)當顧客要購買衛生棉，主動提供紙袋

(2)購買熱飲提供隔熱套

(3)下雨天時，提供傘套或借用愛心雨傘

(4)遇行動不便的顧客，適時予以協助

(5)顧客孩童吵鬧，可予以協助安撫

(6)提供免費專業諮詢服務

試題A-08：如果在你經過一番努力說明與推銷之後，顧客仍然不買商品而離去，你應怎麼辦？

顧客上門後，店員需要主動關心顧客，並且以親切尊重的態度做銷售動作，但若顧客不買商品而離開，可以採取以下幾種方式應對：

(1)仍要面帶微笑說謝謝光臨、歡迎再度光臨

(2)遞送名片

(3)給予新產品DM參考

(4)贈送試用品以供試用，並請顧客留下資料

(5)詢問顧客需求，並介紹較符合顧客期望的商品

(6)了解顧客不願購買的原因。例如售價問題可待促銷時再予以通知

試題A-09：店員應如何表現能讓顧客在商店內有被重視的感覺？

門市店員應對上門的顧客除了提供最基本的禮貌問候、親切的招呼語之外，能夠讓顧客可以有更被重視的感覺，可以參考以下幾種方式：

(1)認識顧客：若為老主顧，主動稱呼顧客的姓氏（如○先生、○小姐）予以問候

(2)服務態度：面帶微笑、熱情打招呼、使用謝語、親切服務等方式，讓顧客有備受禮遇的尊重

(3)主動寒喧：可將顧客視為家人一般親切對待，使來店顧客有賓至如歸的感受

(4)貼心服務：主動提供服務，詢問客人需要什麼服務，並引導客人至該商品櫃前

(5)售後服務：售後服務的關心與指導，有任何優惠活動，可熱情告知顧客

試題A-10：你知道在接待顧客時，自己有哪些表現會影響到顧客對商店的評價？

店員接待顧客除了遵照門市作業規則外，應當要有優質的表現，才能增加顧客對商店的高評價，可以參考以下幾種方法：

(1)親切言語：隨時保持口頭上的招呼，以甜美的聲音表達歡迎光臨！不好意思，讓您久等了！對不起，請稍候！謝謝惠顧、歡迎下次再來！

(2)服務態度：微笑的表情、誠懇的態度、謙虛有禮貌等與顧客的互動良好

(3)儀容整齊：穿著整齊清潔的制服及保持端莊淨爽的容貌

(4)結帳速度：正確迅速，勿讓顧客久候

(5)商品知識：具充足的商品專業知識，可提供諮詢服務

(6)服務技能：銷售技巧、商品知識、顧客抱怨處理、有效的溝通技巧與應對處理等

試題A-11：當顧客進入商店之後，什麼時候是招呼顧客提供服務的最適當時機？請舉出三種時機。

顧客進入商店需隨時注意顧客的需求，服務人員可利用時機適時打招呼、適時提供服務，招呼顧客可以有以下幾種方法：

(1)當顧客注視商品一段時間或觸摸商品一段時間之後

(2)當顧客東張西望尋找商品時

(3)當顧客拿起類似商品相互比較無法抉擇時

(4)當顧客駐足停留參觀時

(5)當顧客已經選定或喜愛特定商品時

以上列舉三種即可

試題A-12：當你正在服務顧客的時候，其他顧客開口呼喚，而店裡沒有其他服務人員在場時，你應該如何處理？

門市沒有充足的人力服務顧客，易造成顧客的等待，服務過程更須注意服務品質。當讓顧客等待的時候，必須要有應對的話術，表示尊重顧客，可以依照以下方式處理：

(1)向先前的顧客說：「對不起！」或「請您稍待一下！」

(2)轉身向後來的顧客說：「歡迎光臨！」再聽取顧客的要求事項。若能馬上處理就迅速回應，立即回到先前的顧客繼續服務。若是對於顧客要求的服務無法迅速處理時，則先致歉說明，並請其稍等。待服務完前顧客後，再隨即提供服務

(3)再回到原先等待那一位顧客時說出：「先生（小姐），不好意思，讓您久等了！」繼續服務顧客後續事宜

試題A-13：請說出六句門市服務的禮貌用語。

門市基本話術是站在顧客的角度，讓顧客受到尊重，或是以親切的服務態度應對顧客，以下幾項都可以當做參考：

(1)您好！歡迎光臨

(2)謝謝光臨

(3)歡迎再度光臨

(4)先生（小姐）！很高興為您服務

(5)這是您的發票，祝您中獎

(6)對不起！讓您久等了

(7)請問要結帳嗎？

(8)請您清點一下

試題A-14：李先生是店的老主顧，對待老主顧是否要符合門市服務的「公平待客基本原則」？為什麼？請說出正確的打招呼方法。

「公平待客」是基本原則，對待老主顧時，若能給予特別重視或貼心的感覺，更能提升其對門市的忠誠度。因為李先生是老主顧，門市最希望的就是顧客再次上門，因此對待老主顧應該要有更親切的招呼，可以採用以下方式：

(1)「公平對待」是指在提供服務時，不會因顧客身分、年齡、地位，而有所不同。身為服務人員的基本認知是要秉持以客為尊的良好服務態度。針對老主顧，有時會多了些更為親切的招呼，唯仍符合基本原則

(2)熱情招待，如「李先生，歡迎光臨！您今天氣色不錯哦！」

(3)「李先生，您好！歡迎光臨，今天我們商品有特價，很符合您之前所詢問的商品。」

(4)遞上名片，並說：「這是我們門市的名片，有任何問題歡迎隨時連絡詢問喔！」

試題A-15：如何提升門市人員的服務品質？請以「內在」、「外表」兩項說明之。

門市人員最基本的服務品質，除了自身的基本禮儀、服裝以及表露在外的服務品質與工作態度之外，對於內在與外表的提升說明如下：

內在：

(1) 提醒員工服務的觀念，懂得調理EQ

(2) 安排提升門市人員服務品質與教育訓練課程

(3) 適當給予鼓勵與獎勵，提升工作士氣

(4) 教育員工正確的服務心態及觀念，樂在工作，敬業樂群

(5) 留任適用人才以降低員工流動率

(6) 高度的認同組織文化與公司的服務理念

外表：

(1) 員工的服裝與儀容要保持乾淨舒爽

(2) 與顧客的談吐須清晰，態度要誠懇

(3) 隨時保持親切的笑容

(4) 儀態要穩重得體

(5) 與顧客良好互動，隨時留意顧客需求

(6) 門市內員工不可大聲喧嘩、嬉戲而影響顧客感受

試題A-16：若門市人員心情不好，將情緒反應在顧客身上，身為主管的你會如何處理？

員工情緒不好時往往會需要發洩，無論是發洩在顧客或是商品、賣場上都是不妥的，因此身為主管一定要確實了解員工的心理，適時給予必要的處理措施，避免事件擴大，以下是可以執行的處理方式：

(1)先向客人誠心道歉，將員工帶離現場，安撫情緒

(2)若是店長當場看到店員將情緒反應在顧客身上，應立即打圓場，緩和當時氣氛

(3)公司平常就應做好完善的教育訓練，讓員工有正確的工作態度，不應該將私人的情緒帶到工作場所

(4)適當地叮嚀與提醒員工，平時應有「以客為尊」的正確觀念

(5)必要時，建議員工休假，調整好心情再上班，或進行工作職位的調整

試題A-17：身為店長，你會如何教育店內人員透過面銷來提升客單量？

員工的能力可以決定門市的銷售業績，因此店長平時要培養優質員工並教育員工，才可以讓顧客滿意，提升客單量與業績，以下是可以採用的方法：

(1)平時做好門市人員教育訓練，落實待客禮節及用語。

(2)加強員工對產品的專業知識與標準化的面銷術語

(3)主動告知顧客促銷活動或優惠訊息，並提供各項產品的資訊與使用方法

(4)提供實例分享商品的經驗，不可為了增加客單量而強迫客人

(5)平日與顧客互動，讓顧客了解活動資訊或發放DM

(6)不管客人最後有沒有購買，都應保持良好的服務態度

試題A-18：如何降低顧客在櫃檯等待的時間？你曾經使用的因應對策為何？

門市有時會遇到顧客在櫃檯大排長龍的情況，容易造成客訴事件，甚至也會影響到門市的名譽、業績，因此可以採取以下處理方式解決：

(1)人潮多的時段，應多排一些人手協助幫忙，增加收銀機臺的運作

(2)適時道歉表示會加快結帳程序

(3)增加門市人員做結帳前的問題排除（如麥當勞先記錄顧客需求，使櫃檯可以直接結帳）

(4)要求現場門市人員暫停補貨或其他工作，來支援櫃檯結帳工作

(5)設立號碼牌，讓顧客排序結帳，消除不定時等待的情緒

(6)再增開一臺收銀機結帳

(7)適時與顧客打招呼並報告現場處理狀況

（可參考A-20的答案）

試題A-19：如何運用行銷手法提高顧客忠誠度，以獲得顧客終生價值？

門市銷售的目的就是要提高業績，並且要提高顧客的忠誠度，使顧客成為永久消費者，以下的方法可以提升顧客獲得終生價值：

(1)利用會員制度，鼓勵顧客辦會員卡。如集紅利回饋、累積點數可兌換贈品，會員卡打折等

(2)不定期推出主題型態的促銷活動或新產品

(3)舉辦節慶促銷活動（如母親節親子繪畫比賽）只增加與顧客的情誼

(4)定期寄發店內的ＤＭ，提供商品目錄、資訊給顧客促進來店消費

(5)顧客結帳後，告知顧客本店某時段將辦理促銷活動，歡迎顧客光顧

(6)關懷顧客，親切服務，維持與顧客的關係，增進互動機會，如生日卡片、貼心簡訊、貴賓來店禮

(7)於門市醒目處或門市外圍，張貼促銷的訊息海報，增加促銷曝光率以供顧客參考

(8)店內設置顧客意見箱，以了解顧客所需求的產品或服務等

(9)提供商品鑑賞期，不滿意可退貨，增加彼此的信賴關係

(10)利用電視廣告或網路購物行銷，方便顧客查詢有無產品訊息

試題A-20：排隊結帳的顧客很多，顧客開始抱怨時，你該如何處理？

門市銷售時，有時會遇到顧客大排長龍的情況，容易造成客訴事件，甚至也會影響到門市的名譽、業績，可以採取以下處理方式解決：

(1)向顧客致歉，請員工安撫顧客情緒，並請顧客耐心等待

(2)調度現場人員先停下手邊工作至結帳區支援，再開啟另一臺收銀機

(3)適時道歉表示會加快結帳程序

(4)結帳時，以良好的態度向顧客口頭致歉，如讓您久等了、請見諒等

(5)適時對顧客招呼，或先詢問顧客的需求，予以安排，並請其再耐心等候一會兒

(6)請顧客試吃或試飲店內新商品，暫時忘記久候的等待

(7)降低顧客的煩躁等待，可在櫃檯區放置雜誌、書刊或櫥窗商品，避免顧客無聊，覺得等待時間過久

(8)適時與顧客打招呼並報告現場處理狀況

試題A-21：當顧客抱怨發生時，值班人員應如何處理？

顧客可能因為不符合期待、不受到尊重或不滿易，容易對門市表達不滿，此時是門市最好的考驗及改進機會。願意抱怨的顧客，表示他們希望得到滿足、期待、尊重，因此門市值班人員應該採取以下幾種方式處理：

(1)先向顧客道歉，專心、耐心傾聽顧客的抱怨

(2)非店員職權能處理時，商請店長出面協助處理

(3)適時道歉，誠懇表示會盡快處理，並告知改善及處理方式，儘可能給予補償

(4)盡速將處理的結果告知顧客，並表示一定會改進，並承諾會針對問題檢討改善

(5)事後應用追蹤來關心該顧客

(6)預防相關的抱怨事件再度發生，將問題列入工作日誌，作為日後工作改進的準則

（可參考B-14的答案）

試題A-22：顧客在店內打翻飲料時，您如何處理？

服務業的門市，通常會遇到顧客不小心打翻飲料的狀況，如何能夠讓現場維持清潔以及該顧客的情緒，避免店內其他顧客抱怨，可以採用以下的方式處理：

(1)趨前向顧客道歉，並關心顧客是否受傷？衣物是否污損？並提供乾淨的紙巾給顧客擦拭

(2)引導顧客至化妝室擦拭或先處理髒污衣服

(3)若有受傷（割、燙傷或擦傷等），應提供急救箱處理或送醫就診

(4)門市人員應立即協助顧客處理善後，並快速清理現場恢復場地

(5)現場放置「清潔地板」警告標誌，提醒顧客小心滑濕

(6)確認責任是否為服務人員疏失導致，應謹慎處理問題，避免產生糾紛

(7)將發生事件列入工作日誌，以供日後改善處理

（可參考B-30的答案）

試題A-23：顧客聲稱上一班職員找錯錢時？

現金結帳時，店員應提醒顧客當面清點找零金額，以避免後續糾紛，如顧客上門告知找錯錢，仍需妥善處理。處理方式可以採取以下幾種做法：

(1)請顧客提供發票，並於口頭上詢問發生的時間？哪位服務人員或其特徵？

購買什麼商品？支付總金額與應找金額為何？

(2)查詢上一班的交接紀錄金額是否有誤

(3)查看交班時是否留有紀錄，若確有其事，立即退還金額給顧客，並請顧客簽收，或請店長處理

(4)交班如無紀錄，則請顧客留下姓名、電話等聯繫資料，將此資料記錄在交班簿上待查證，以做後續處理

試題A-24：顧客的小朋友隨手拿了一樣店舖的商品，卻未結帳，你該如何處理？

顧客的小朋友拿了商品後未結帳，應委婉告知家長並冷靜應對，且必須顧及到小朋友的家長感受，避免爭執，態度謙和是很重要的。可以採用的方法如下：

(1)考慮小朋友的立場，隨手拿取商品無意偷竊，應態度謙和且有禮貌詢問

(2)可善意向同行的家長表示小朋友手上尚有商品未結帳，告知時，儘量以顧客的立場著想

(3)親切的告訴小朋友，需付費才可擁有，請同行家長到櫃檯結帳

(4)若該商品金額不大，「吃虧就是占便宜」，不如廣結善緣，讓家長與小朋友心中無陰影、無尷尬，仍願上門光顧

試題A-25：當顧客反應商品使用後異常，並要求退貨時，應如何處理？

顧客消費後，反應店家商品使用後造成異常情況，並且要求退貨，身為門市人員無論如何處理，都應該以尊重顧客意見為主，可以參考以下方法：

(1)尊重顧客表示歉意，仔細傾聽原因和使用狀況，詳細做好記錄

(2)請顧客出示發票，確認日期、發票、商品是否仍在鑑賞期

(3)確認是門市售出，詢問顧客是否願意更換商品或退還款項，再次向顧客道歉

(4)將顧客反應的問題記錄於商店「工作日誌」中，呈報店長以供日後改進或檢討

(5)詢問顧客是否使用商品後造成身體不適，如顧客身體不適一定要立即將顧客送醫

(6)事後適度表達關心與慰問心意

試題A-26：顧客買了7項商品，要求將發票分開開立時？

顧客選購了7項商品後至櫃檯結帳，並且要求將商品發票分別開立，此時應該要尊重顧客要求，要求事項應符合下列說明：

(1)雖然顧客要求將發票分開開立，門市人員應保持一定的服務態度

(2)依稅法規定，顧客不管商品數量多寡，都可以要求分開開立發票或收據

(3)開立完畢，如後面有結帳的顧客應禮貌說：「對不起！讓您久等了！」

(4)如果顧客僅購買一項商品,則無法以分開的方式要求開立發票

試題A-27: 在門市的服務品質上主要包括哪些項目?

門市人員最基本的服務品質,就是要從員工禮儀、服務態度,以及門市的環境維護上,符合顧客的期待及良好感受,可以參考以下說明:

(1)門市人員:良好的人員素質、溝通能力,乾淨的制服
(2)門市設施:舒適的門市情境、停車便利性、設施的維護、設備安全性
(3)商品品項:新商品的推廣、促銷活動、商品的貨樣、品質、價格符合顧客所需且價格合理
(4)服務品質:禮貌儀容、服務態度、理解能力、正確的應對話術及提供商品專業知識的諮詢服務
(5)服務時間:等候時間、現場服務的掌控
(6)門市位置:地點便利性、停車方便性

試題A-28: 顧客購物時,如何詢問需不需要統一編號事宜?

顧客消費時不一定會需要打統一編號,但身為門市人員應該要主動提出,提醒顧客,此舉可以避免事後的客訴或是額外的作業,可以參考的詢問方式如下:

(1)善意提醒顧客的發票用途
(2)結帳前,請問顧客需不需要打統一編號
(3)如顧客忘記統一編號,可詢問顧客是否需要蓋發票章
(4)將發票遞給顧客後,表示歡迎再度光臨
(5)可藉由顧客所購買產品數量與金額大小,主動詢問顧客
(6)可於結帳櫃檯張貼告示,貼心提醒顧客

試題A-29: 油價採取浮動價格調整,門市人員如何在第一時間告知顧客,以減少抱怨?

油品價格多採浮動機制,若於時間內調整油價,又未經告知責任,可能會引起顧客抱怨,因此必須在第一時間內告知顧客,避免客訴事件發生,可以採用以下的做法:

(1)主動告知顧客,價格將在何時調整,或在各入口處及牆上張貼訊息
(2)加油服務前,先行告知顧客油價已經調漲
(3)在汽機車入口處,放置大型告示板告知油價已經調漲
(4)加油服務後,禮貌性地向顧客道謝,並歡迎再度光臨

試題A-30: 顧客執意使用剛過期之折價券購物,又不聽從說明與補救措施時,應如何因應?

顧客的意見必須要尊重,若顧客仍執意使用,應該要委婉的告知顧客公司的

規定及處理方式，不可以激怒顧客，可以參考以下的處理方式：

(1)先向顧客致歉，安撫情緒後再委婉地向顧客解釋

(2)不與顧客做任何爭辯也不需用其他言語刺激顧客，否則會把事情擴大

(3)立刻向店長或總部反應，詢問有無替代方案

(4)委婉說明公司使用折價券的規定，請顧客見諒

(5)必要時提出建議方案，如重新給予新的折價券

二、第二題型：危機處理 (18100-940301B-01～30)

試題B-01：當店員於值班時工作受傷，店長應如何處置？

值班人員有時候可能會因為工作疏忽，或是自己不小心弄傷，第一時間內應以自身安全為重，並且避免二次傷害，將傷害降到最低，尋求他人幫忙，可以參考以下的處理方法：

(1)應立即停下手邊的工作，找代班人員接班

(2)安撫情緒，判斷受傷情況是否送醫或使用急救箱處理

(3)儘量低調以緩和店內購物氣氛

(4)處理現場狀況，維持正常營運，原則上以不妨害顧客購物氣氛為原則

(5)後續關懷員工，並告知相關的勞保規定，協助辦理請領職災撫恤金

試題B-02：當客戶購物付帳時，店員發現其鈔票為偽鈔，應如何處置？

顧客結帳時，店員發現鈔票為偽鈔屬實，應該避免激怒顧客，畢竟顧客是需要受到尊重的，不管偽鈔來源，都應委婉告知顧客，可以採用以下的方式處理：

(1)門市人員若發現有偽鈔之疑，需詳細檢查紙質、顏色、安全線及浮水印，若屬實，禮貌地告知顧客「可能是偽鈔」

(2)店員檢查後需告知顧客辨識偽鈔的方法，並請顧客提供其他付款方式，及提醒顧客小心收到偽鈔

(3)不管偽鈔來源，不可直接指責顧客持偽鈔購物，應給予尊重

(4)若結帳後才發現收到偽鈔，必須按公司行政流程處理

試題B-03：當店員於值班工作時遭受搶劫，應如何處置？

遇到搶劫時應該以自身安全為重，並且配合歹徒，避免激怒歹徒，將傷害損失降到最低，當然通常門市都會配合警察或保全的設置，可以參考的處理方式如下：

(1)先確保自身安全，配合歹徒的要求，不要刺激歹徒及做無謂的反抗

(2)對歹徒道德勸說，不可激怒歹徒，並記住搶匪的身高、衣著、臉型等特徵，拖延匪徒作案的時間

(3)尋找適當時機報警及求救，或於歹徒離去後立即報警處理

(4)保持現場完整，留下證據，並調閱錄影帶，提供警局辦案

(5)事後清點門市損失，並通知店長或總公司

(6)盡速撰寫報告呈報總公司

試題B-04：當客戶進門購物卻發現其行為有偷竊嫌疑時，應如何處置？

顧客拿了商品後，可能因為鬼鬼祟祟或是並無結帳意願，必須委婉的告知或提醒顧客是否有需要幫忙的地方，不可對顧客指責或懷疑，避免爭執糾紛，並冷靜應對，可以採用的方法如下：

(1)顧客若無結帳，欲走出門市之前，可適時提醒顧客，是否有商品忘了結帳呢？若有則請其進行結帳

(2)有禮貌地提醒顧客：「我們有購物籃，您可多加利用。」

(3)發現顧客行為舉止異常，應馬上通知服務人員或店長加強注意

(4)若顧客拒絕付款或退回商品，且態度惡劣，則可通知警察前來處理

(5)詳細記錄及回報公司特別留意，並通知相關部門、門市，做好防範措施

試題B-05：店鋪停電的標準作業程序及因應措施為何？

門市運作期間遇到停電時，首先應該遵循門市作業規範進行處理與通報，並且在第一時間內將損失降到最低，可能賣場裡還有顧客，要確保顧客安全並且安撫情緒，可以採取以下方式處理：

(1)關閉總開關，啟動緊急照明設備

(2)確認停電原因（電力公司停電或是門市開關跳脫、停電時間長短等）

(3)若因設備故障則馬上叫修，若因電力公司停電，了解停電時間，做後續彈性處理

(4)處理易壞生鮮食品、照顧顧客及維持賣場秩序

(5)準備手開式發票或收據

(6)通知店長停電問題及處理情況

試題B-06：颱風季節來臨前你會為店鋪做哪些檢查動作及防範措施？

夏天是最容易發生颱風的季節，颱風可能會影響到門市的門面、貨品、積水等，須做好基本的防護措施以及檢查相關作業，可以參考下述幾項方法：

(1)檢查招牌是否牢固、店外的布旗、POP布置物、看板是否收妥

(2)檢查不斷電系統（UPS）、備用電箱電路系統是否正常

(3)檢查照明燈設備、消防設備、逃生門等是否堪用或需要維修

(4)玻璃貼上封箱膠帶

(5)水溝及垃圾是否清理乾淨

(6)店外的樹木、盆栽放置地面是否固定或綁牢

(7)檢查商品庫存量是否足夠維持供應量

(8)貴重物品及商品移至高處，重要的單據、報表、發票裝箱封好以防淹水或遺失

(9)預先備妥沙包防範淹水

(10)了解颱風動向，充分掌握資訊

試題B-07：詐騙事件層出不窮，如果你是店長應如何教育店員，避免同樣事件再度發生？

 參考答案

 發揮題型

詐騙事件容易發生，主要以門市的商品及現金為主要目標，若門市人員尚未對做好相關作業有所了解，或是對店務不熟悉，身為店長可以採取以下方式，避免詐騙事件發生：

(1)加強案例宣導及貨幣真偽辨識技巧

(2)未經店長同意，員工不可自行調貨、轉貨或進貨

(3)員工應該善盡工作職責，不可隨意離開執勤工作崗位

(4)做好現金管理，店內零用金與預備金除了店長之外，除非授權交易，現金不可動用

(5)利用開會或每日朝會，提醒員工須保持警戒心

試題B-08：顧客到店裡買到過期商品，並威脅賠償100萬，你會如何處理？

 參考答案

 發揮題型

顧客吃了過期的商品後，對身體狀況出現疑慮，並且以門市過失要求賠償100萬，店員遇到此時的情況，應當處理的流程如下：

(1)核對發票確認商品是否為本店售出，安撫情緒，避免衝突

(2)向顧客表達歉意，先詢問是否有吃過或用過，身體是否有不適

(3)確認是過期商品，更換新商品給顧客或給予適當的補救

(4)若顧客堅持賠償，通知店長協商處理或依法律程序處理

(5)檢查其他上架商品是否有相同問題，如有則通知廠商，並將該商品暫時下架

試題B-09：如何防止顧客偷竊，請列舉三種方法。

 參考答案

 背熟題解

門市顧客多的時候，會使店員分心，此時最容易發生顧客偷竊事件，因此要防止顧客偷竊的行為，可以採用以下的方法：

(1)架設監視器或錄影機於死角處，發揮防止顧客偷竊的功效

(2)警民連線裝置，並於門口張貼標示

(3)與保全公司簽約，有緊急事件時按下按鈕，人員會立即趕到現場救援

(4)門市人員可暫停手邊工作，留意顧客動向，高聲喊出「歡迎光臨」，抑制犯罪發生

(5)在店內停留時間過長並東張西望的客人須主動向前詢問

(6)申請定點的警民合作巡邏箱

(7)不要置放過多的現鈔於收銀機錢櫃內，應該養成千元投庫作業習慣

(8)店內儘量保持有兩人工作

(9)提高警覺建立危機意識，並保持櫃檯對內、外的透視度

以上列舉三種即可

試題B-10：當顧客不小心打破店內商品時，你應採取何種應對的基本態度？

 顧客觸摸或移動商品時，容易不小心將商品打破，首先要先關心顧客的狀況，其次才是賣場的善後，可以採用以下方式處理：

(1)先詢問顧客有無受傷，並安撫情緒

(2)顧客不會故意打破商品，不要責怪顧客，應站在顧客的立場給予適當的安慰

(3)當顧客想解釋當時情況，應傾聽顧客的說明，以緩和顧客心理的緊張及情緒上的激動

(4)如果損失不大可由門市負擔，儘可能不要讓顧客賠償損失，如此可以取得顧客的好感，讓顧客成為門市的常客

(5)馬上復原及清理現場，並補上新貨讓門市正常運作

(6)請顧客安心地繼續選購商品

(7)當客戶主動賠償商品時，店方應表示謝意，並以新品或將打破的商品修好再交給顧客，以表示店方負責的誠意

試題B-11：處理顧客抱怨的要點為何？

 顧客抱怨處理最基本的就是站在顧客的角度，以同理心、包容心同等看待顧客，並且傾聽、了解、尊重顧客的意見，可以採用幾項要點處理：

(1)耐心傾聽勿爭辯或中途打斷，可緩和顧客激動的情緒，有助了解發生的原因

(2)了解原因找出癥結，以同理心整理回述給顧客，讓顧客放心，公司有誠意解決問題

(3)請示主管商討解決方案，以最快的速度處理，避免事件擴大，讓顧客感受到公司注重此事，並非常有誠意解決問題

(4)妥善解決顧客精神或物質的損失，並加強後續服務化解爭端，讓顧客恢復信心

(5)後續追蹤顧客滿意度，避免類似抱怨問題產生，並加強後續服務品質

(6)將事件發生原因及處理過程記錄下來，作為日後教育訓練及個案研討

試題B-12：如果顧客拿不良品到店裡抱怨時，應如何處理？

顧客買到瑕疵品時會造成情緒不佳，並且到門市抱怨，此時門市店員可以採

用以下方式處理：

(1)請顧客出示發票查看日期、商品，確認是否為本店售出的不良品

(2)不良品造成顧客抱怨，應馬上向顧客誠心的道歉

(3)立即換發新商品或辦理退貨，必要時應給予合理的賠償

(4)詢問廠商不良品的狀況及處理方式，必要時將不良品暫時下架

(5)詳細調查不良品售出狀況，以防止不良品再度由本店售出

(6)如果顧客因而受到精神或物質上的損失，則應適當給予賠償或安慰

(7)將問題記錄呈報店長，並提報個案或是工作日誌以供改進處理，並做好品質管制

(8)事後追蹤顧客的使用情形，適當表達關心與慰問心意

試題B-13：如果顧客拿瑕疵品來退還時，應該如何處理？

顧客買到瑕疵品時會造成情緒不佳，到門市退還時，門市店員可以採用以下方式處理：

(1)先表示歉意後，安撫客戶情緒，並確認商品是否為本店售出

(2)用心傾聽客戶抱怨及陳述的理由，若是商品本身的瑕疵，則誠心道歉接受退貨或換貨

(3)解釋商品異常狀況，若顧客仍不滿意，則協助顧客辦理退貨，並表示歉意

(4)向廠商反應瑕疵商品，確保日後商品進貨的完整性

(5)若是顧客疏忽導致瑕疵，應讓顧客知道錯誤所在，釐清非本店所致。另可考慮負擔部分責任或提供補救措施

試題B-14：當顧客抱怨發生時，值班人員應如何處理？

顧客可能因為不符合期待、不受到尊重、未得到滿足，到門市表達不滿，此時是門市最好的考驗也是機會，願意抱怨的顧客表示他們希望得到滿足、期待與尊重，門市值班人員應該採取以下幾種方式處理：

(1)專心、耐心傾聽顧客的抱怨

(2)遞上名片並自我介紹以示負責

(3)誠懇表明願意立即改善，盡可能給予補償

(4)向店長反應顧客的問題並盡速將處理的結果告知顧客

(5)事後應用追蹤來關心該顧客

(6)預防相關的抱怨事件再度發生

（可參考A-21的答案）

試題B-15：當店內抓到國小學童偷竊時，該如何處理？

小朋友拿了商品後未結帳，並且被抓到，就屬偷竊行為，若發現竊賊是未成年的青少年時，如願意認錯，門市仍應依規定請其填寫悔過書（一般針對18

歲以下學童是以填寫悔過書處理；18歲以上則是填寫自白書處理），給予自新的機會。可以處理的方法如下：

(1)盡速通知家長，請他至現場了解事件和處理

(2)偷竊願意認錯，依照門市規定完成悔過書，並將其商品結帳，請家長帶回管教，給予自新的機會避免再犯

(3)若找不到家長，可打電話通知學校或老師，請其到現場處理

(4)道德勸說，請學童不要再犯錯，給予機會自新

(5)如竊賊再犯則直接報警處理

試題B-16：如果顧客對在商店已購買的商品價格有所懷疑，應如何為顧客消除疑慮？

顧客通常對購買商品的價格產生懷疑，表示有意見時，應該要先尊重顧客的意見，並且委婉的告訴顧客，可以採用以下幾點處理：

(1)先了解顧客對商品價格產生疑問的原因，事後再確認門市商品有無標錯

(2)價格確實無誤，門市人員的立場與態度要讓顧客相信

(3)提出商店進貨的品質保證，說明為有品牌、有信譽保證的知名供應商直接供貨，商品品質是有保障的

(4)保證商品價格是合理的，說明商店定價制度與標示，保證商品價格無誤

(5)如價格真有錯誤就按照客人看到的價格售出並向顧客道歉

(6)若顧客仍質疑，應尊重顧客的選擇，按規定辦理退貨

試題B-17：值班時遇到搶匪該如何處理？

遇到搶劫時應該以自身安全為重，配合歹徒，避免激怒歹徒，將傷害損失降到最低，門市通常都會有配合警察或保全的設置，可以參考的處理方式如下：

(1)先確保自身安全，配合歹徒的要求，不要刺激歹徒及做無謂的反抗

(2)保持冷靜記住特徵，並記住搶匪的身高、衣著、臉型等特徵

(3)找適當時機報警及做求救的準備，或於歹徒離去後，立即報警處理

(4)保持現場完整，留下證據，並調閱錄影帶，提供警局辦案

(5)盡速通報店長，再清點損失

(6)盡速撰寫報告呈報總公司

（可參考B-03的答案）

試題B-18：顧客要求打折或送貨時，請問如何處理？

顧客的意見是公司最好的機會，要尊重顧客意見為優先，但基於公司立場，必須委婉向顧客說明，可以參考以下的方式處理：

(1)口氣溫和的告訴顧客，售價都是根據廠商及公司公告的零售價格標示，無法給予折扣

(2)向顧客解釋，門市如遇有節日、促銷或有特惠商品時，則可依規定給予折
　　扣，可請顧客留下個人資料，以便通知折扣時間

(3)依門市授權給予顧客折扣，或視情況請示店長

(4)委婉告知顧客，因人力有限，無法提供送貨服務，請顧客諒解

(5)若顧客堅持送貨，人力卻有限，則額外替顧客將商品宅配到府

(6)體貼地向顧客表示，可利用閒暇時間提供送貨服務

試題B-19：當顧客反應為何不賣某項品牌時，服務人員應如何說明？

顧客的意見是最需要受到尊重，了解顧客的說明後，安撫顧客情緒並委婉告
知，不可反駁顧客，也不可影響其他顧客，服務人員可以參考以下方式處
理：

(1)先向顧客道歉並說明原因

(2)向顧客解釋門市銷售商品是由公司統一採購和配送，請顧客諒解

(3)建議顧客購買同性質替代商品

(4)感謝顧客的寶貴意見，依照顧客反應及需求，向公司表達顧客意見

(5)可請顧客填寫意見調查表或撥打總公司的服務專線

試題B-20：顧客要買的某項商品缺貨時，應如何處理？

顧客到門市購買商品，無法提供商品以滿足顧客，將會影響顧客到門市購買
的意願，所以遇到門市缺貨時，必須先向顧客表示歉意，並進行補救。補救
措施可以採用以下幾種方式：

(1)向顧客道歉，並告知顧客正確進貨時間

(2)試著面銷其它同性質的商品或特價品

(3)如店內人力充足，且顧客不急，可至鄰近的門市調貨

(4)詢問顧客是否願意代為訂貨，貨到再通知顧客取貨

(5)若客戶堅持不要同性質商品或代為訂貨，應向顧客致歉

試題B-21：顧客忘了帶購物袋時，應如何處理？

門市通常不主動提供購物袋，根據環保署的規定，業者依法不提供厚度低於
0.06公釐以下的塑膠袋，如厚度大於0.06公釐以上，則應有價提供。由於顧
客有時會忘記自備購物袋，此時門市應該貼心的主動提出關心，可以使顧客
感到窩心，並且願意再次光臨。可以參考以下方式處理：

(1)親切有禮的告知顧客政府的環保規定，故無法提供購物袋

(2)建議顧客有需要可付費購買購物袋，並告知購物袋價格

(3)或以門市提供的紙袋、紙箱替代

(4)結帳後，提醒顧客下次購物時記得自備環保購物袋

試題B-22：顧客使用折價券或廠商折價券購物時，應注意哪些事項？

參考答案

發揮題型

顧客上門消費時，使用門市所發行或發售的折價券，服務人員須對折價券有基本認知，以避免算錯帳、找錯零錢，應注意下列狀況：

(1)確認是否為門市或其它廠商合作所發行的折價券

(2)確認有效日期、店章、券面之金額

(3)確認使用說明及相關規定，如優惠內容、本人兌換、優惠金額等規定

(4)確認折價券是否有偽造或有無塗改損毀

(5)貼心提醒顧客記得下一次帶折價券並於期間內使用完畢

試題B-23：請舉出三種店舖訪搶對策？

參考答案

背熟題解

門市容易遭受的安全問題就屬搶劫，因此門市通常會訂定防搶對策，其中的要項細目參考如下：

(1)顧客進門親切招呼，並隨時與顧客眼神接觸並注意動向

(2)架設監視器、錄影機或反射鏡

(3)加裝警報系統與警民連線

(4)與保全業者合作

(5)收銀機內僅放置適當的零錢

(6)易遭竊商品可陳列於適當位置並進行數量管制

(7)高單價的商品，應做好陳列管理，如放置於店員視線內或櫃檯後架上

(8)櫃檯下放置自衛武器（如電擊棒、棒球棍等）

(9)定期對員工實施防搶教育訓練

以上列舉三種即可

試題B-24：當POS設備故障，應如何處置

參考答案

背熟題解

POS設備是可以做商品進銷存貨管理，以及提升收銀結帳功能的一套後臺管理系統，當設備故障時，可以採用以下方式處理：

(1)先檢視POS設備的電源線或連接線是否鬆脫

(2)向店長報備或迅速向總公司反應以便派維修廠商進行修復處理

(3)先利用人工開立發票（二聯或三聯）

(4)請顧客留下姓名、地址，待機器修好再將發票寄到府上

試題B-25：當店內發生盤損時，你要如何處理？

參考答案

融會題意

盤損是公司成本的負擔，當門市發生盤損時，通常都是由門市業績吸收。門市應避免發生，若已發生，應妥善處理及調查原因，可採用以下處理方式：

(1)重新複盤加以確認，或另請其他盤點人員再次進行盤點確認

(2)檢查商品有無混雜、破損或遭偷竊

(3)查閱當日發生盤損時間的監視錄影帶，以釐清責任歸屬及原因

(4)評估盤損的損失程度，迅速擬定出解決方案以避免影響擴大

(5)檢討改進避免缺失重犯，並加強管理及教育訓練

試題B-26：顧客持大鈔購物而門市小額鈔即將用完，應如何處理？

門市收銀機臺內通常不會準備太多零錢，避免安全疏失，有時顧客會持大額鈔票購物，卻發現零錢不夠使用，可以採用以下要項處理：

(1)用委婉及和緩的語氣向顧客表示，大鈔目前無法找開，能否以小額鈔票購買

(2)若小額鈔票用完，向顧客表示歉意，請顧客稍等，並請其他服務人員盡快向鄰近的商店換鈔

(3)通知店長告知門市收銀狀況，請求支援或請公司內部緊急處理

(4)詢問顧客是否有禮券、I-CASH等

(5)若門市有預備零用金可動，先報備，方可順利達成與顧客的交易

試題B-27：顧客詢問店內的商品價格，為何與其他店不一樣，要如何應對？

顧客因為不了解商品的價格而提出疑問時，可能是標價問題，若是公司制度、商品折扣因素，必須詳細告知顧客，讓顧客認同，可以採用以下幾點：

(1)先查看門市的商品確認價格標籤是否正確

(2)門市人員的立場與態度要讓顧客相信，一分錢一分貨，品質有保證

(3)門市人員說明相同商品產生價差的原因，如辦特惠活動、配合節慶促銷、到期商品的促銷等

(4)商品配合廠商做促銷活動

(5)商品有賦予售後服務及維護

(6)向顧客說明不同業態，價格標價不同，說明商品價格是由公司統一標示

(7)尊重顧客最終的選擇結果，並以未能提供顧客滿意的服務表達歉意

(8)感謝顧客提供意見，會將詢問的問題回報給公司處理

（可參考C-03的答案）

試題B-28：當班站櫃時發現收銀機發票印字不清楚時，該如何處理？

收銀機發票是提供給消費者及門市備存的資料依據，雖然有POS後臺系統管理，但發票印字仍必須清楚告知消費者，以免造成客訴，可以處理的方法如下：

(1)檢查發票機是否卡紙

(2)檢查色帶是否安裝定位

(3)檢查印表機讀寫頭是否斷針

(4)檢查色帶顏色是否過淡

(5)檢查收銀機是否故障

(6)馬上換另一臺收銀機替客人結帳

(7)換手開式發票

(8)連絡廠商加以諮詢，排除狀況或送修

試題B-29：雨天時，如何保持店內清潔？

下雨天時，行人與顧客都有可能會尋求門市當作休憩場所，顧客可能會使門市地板或走廊造成積水，必須謹慎處理，防止安全疏失問題，可以採用以下幾種方法處理：

(1)在店門口外鋪設厚紙箱板，避免店內溼滑

(2)店門口處放置腳踏墊

(3)提供雨傘套或擺放雨傘架於門口，方便顧客放置濕雨傘

(4)隨時留意地板是否潮濕或積水，隨時保持店內乾淨清潔

(5)隨時巡視店內地板狀況，以便處理

試題B-30：顧客在店內打翻飲料時，應如何處理？

服務業的門市，通常會遇到顧客不小心打翻飲料的狀況，如何能夠讓現場維持清潔，以及維護顧客的情緒，甚至避免店內其他顧客抱怨，可以採用以下的方式處理：

(1)趨前向顧客道歉，並關心顧客是否受傷？衣物是否污損？並提供乾淨的紙巾給顧客擦拭

(2)引導顧客至化妝室擦拭或先處理髒污衣服

(3)若有受傷（割、燙傷或擦傷等），應提供急救箱處理或送醫就診

(4)門市人員應立即協助顧客處理善後，並快速清理現場恢復場地

(5)現場放置「清潔地板」警告標誌，提醒顧客小心滑濕

(6)確認責任是否為服務人員疏失所導致，謹慎處理問題，避免產生糾紛

(7)將發生事件列入工作日誌，以供日後改善處理

（可參考A-22的答案）

三、第三題型：顧客服務與商店經營（18100-940301C-01～30）

試題C-01：當鄰居抗議店週遭銷售商品廢棄物太多，應如何處置？

敦親睦鄰是門市的首要工作，若引起鄰居抱怨及抗議，將會影響門市的形象，門市應立即採取以下補救措施：

(1)向鄰居道歉，感謝提醒，並請求見諒，馬上改進

(2)請店員立刻清理四周環境，並告知鄰居處理結果

(3)門市可設置廢棄物回收集中區，統一管理

(4)門市平日應做好敦親睦鄰工作，定時舉辦活動或折價回饋鄰居，以維持良好關係

試題C-02：由於補貨車因故未能及時補齊，導致商品短缺，應如何處置？

門市因為補貨車無法在時間內到達，造成商品短缺應盡速告知顧客，減少顧客尋找商品的時間，甚至引發客訴事件，可以採用的方法有：

(1)事先向顧客抱歉，並說明缺貨原因及何時到貨

(2)向鄰店調貨應急

(3)於商品陳列架上標「補貨中」之告示卡牌，以減少顧客找尋或詢問

(4)加強與供應商關係及聯絡的管道，以確保日後送貨的準時性

(5)向店長報告或撰寫報告反映公司，詢問替代方案

試題C-03：客戶反應商品價格較貴，應如何處置？

顧客因為不了解商品的價格而提出疑問時，可能是市場價格波動問題造成，若是公司制度、商品折扣因素，必須詳細說明給顧客了解，讓顧客認同，可以採用以下幾點：

(1)先查看門市的商品確認價格標籤是否正確

(2)門市人員的立場與態度要讓顧客相信，一分錢一分貨，品質有保證

(3)說明相同商品產生價差的原因，如辦特惠活動、配合節慶促銷、到期商品促銷等

(4)商品配合廠商做促銷活動

(5)商品有額外的售後服務及維護

(6)門市人員向顧客說明不同業態，價格標價不同，說明商品價格是由公司統一標示

(7)尊重顧客最終的選擇結果，並以未能提供顧客滿意的服務表達歉意

(8)虛心接受顧客的反應

（可參考B-27的答案）

試題C-04：面銷很重要，可以提升客單價，你會如何教育店內其他人員面銷？

門市人員在面銷時，必須將商品的特質直接向顧客面對面建議或提醒，讓顧客清楚熟悉，提高顧客對商品的印象與認同，促使提高營業績效，因此教育員工面銷的能力是需要訓練的，可以採用以下方式：

(1)建立平日與顧客互動，讓顧客瞭解活動資訊，如季節性商品、促銷特價品、節慶商品

(2)加強員工對產品的專業知識與標準化的面銷術語

(3)善用語言的溝通技巧，增加與顧客的關係來提高銷售

(4)主動告知顧客促銷活動或發放DM，讓顧客了解活動資訊

(5)善用櫃檯衝動性商品之推銷

(6)積極發放商品資訊傳單與促銷掛旗標語，提醒顧客活動內容

試題C-05：你覺得以你能力範圍內，如何做能吸引顧再次上門？

服務人員所提供的專業服務品質及態度，往往會讓顧客印象深刻，感受良好，而願意再度光臨，可以採用以下方式：

(1)以客為尊，用專業與真心的服務來打動顧客，傾聽顧客的聲音

(2)創造機會服務顧客，讓顧客歡喜並習慣到門市消費

(3)誠意關心顧客有無買到自己想要的商品

(4)服務人員隨時保持服裝儀容整潔，誠懇親切的服務態度

(5)特定節日傳短訊祝賀或祝福，如生日、中秋節、聖誕節等

(6)服務人員應隨時營造購物氣氛，不斷地創造新鮮感，適時重新布置賣場，更新POP海報

試題C-06：請說明結帳的作業程序，並簡述之。

結帳作業是門市收銀櫃檯服務時最重要的環節之一，也是促成交易的地方，因此了解結帳作業程序是必要的，可以依照以下流程：

(1)招呼顧客：「歡迎光臨！」

(2)商品登錄：「先生（小姐）這是您所需要的商品嗎？很高興為您服務。」

(3)結算金額：輸入商品金額，按小計，「先生（小姐）一共是○○元」「收您○○元」

(4)收取現金：確認金額後說：「收您○○元。」

(5)找給零錢：「找您○○元。」

(6)商品裝袋：將顧客所購買的商品裝入袋中，大（重）的置下，小（輕）的置上，雙手遞給顧客

(7)誠心感謝：親切的說：「謝謝光臨！」「歡迎再來！」

試題C-07：請列舉三項做商品盤點與庫存的好處？

門市做好商品盤點與庫存，對於商店的營業狀況可以充分掌握，因此每個門市都會安排固定時間做盤點動作，其好處說明如下：

商品盤點的好處：

(1)了解帳面應收金額與實際庫存量是否一致，才不會造成盤盈或盤虧

(2)可立即補貨，不用擔心缺貨或斷貨的情況發生

(3)為調整商品數量及品項的依據

(4)了解商品銷售狀況，掌控進貨時段

商品庫存的好處：

(1)適當庫存可降低原物料的波動所造成的成本負擔

(2)遇到重要節慶時，可適當庫存所需商品的量，以防缺貨

(3)維持商品流動正常而不斷貨

(4)依庫存商品的多寡，了解顧客所需的商品，作為日後調整參考

以上列舉三項即可

試題C-08：一位成功的店長應具備哪些特質？請列舉三項。

身為店長必須要有領導的特質，且具備管理能力，使門市營運正常，要成為出色且成功的店長，必須具備以下特質：

(1)以身作則當作店員的典範，遵守店內相關規定、公私分明

(2)應多吸取資訊，注意商圈發展與消費型態的變化

(3)具有領導風範，與員工保持良好的互動關係，適時給予鼓勵，並賞罰分明

(4)具有服務熱忱，積極進取，勇於面對挑戰

(5)富有高度責任感，全力以赴，並且決策果斷

以上列舉三項即可

試題C-09：商圈提升業績的要點為何？可以從哪些方面著手？

商圈內的人潮與車潮，都是門市的最大商機，因此提升業績的做法，就是要吸引顧客上門，就要有自己的經營特色，進行消費市場的區隔與商品經營管理的差異化，並且留住顧客再度回流，可參考以下幾點作法：

(1)配合潮流販賣流行性的商品

(2)配合節慶販售相關性的商品

(3)不定期做促銷活動，並作促銷活動通知（DM、電話、簡訊）

(4)服務做到差異化超乎顧客的預期，如宅配、代收帳單等等

(5)提高商品品質及穩定新鮮度

(6)商品供應便利、貨源充足、產品創新

(7)加強服務人員素質，提升店員效率、貼心服務、快速結帳

(8)產品的創新，商品資訊健全

(9)提供廁所、休息區、停車場，提供顧客使用與方便購物

(10)利用廣告、辦活動吸引人潮

試題C-10：如何維持顧客的來店率？請舉例說明。

門市的主要顧客是商圈邊的居民，為維持顧客的來店率，應該掌握商圈的消費客層及經營顧客關係，可掌握以下的服務要點：

(1)維持店內外環境的整潔明亮，保持動線的順暢，提供舒適的消費空間

(2)引進流行性商品及進行適當的促銷活動吸引顧客上門

(3)確保店面商品不缺貨

(4)隨時保持店面乾淨明亮，讓客人有再上門的意願

(5)把顧客當作好朋友，維持良好的互動關係，給予親切印象

(6)做顧客意見調查表，隨時改進與加強不足的部分

試題C-11：如何強化員工向心力，降低人員流動率？

員工是公司的內部資產，能夠把握住員工的心，並且提升員工的向心力，就可以降低人員流動率，可以參考以下方式：

(1)定期舉辦員工旅遊活動

(2)不定期舉辦團聚活動，連絡員工感情

(3)賞罰分明，設立獎勵制度及升遷制度明確，讓員工有願景目標

(4)主動關心員工，訂定生涯規劃，提升工作忠誠度

(5)提供優質的工作環境，定期安排專業培訓課程，提升員工職場競爭力

(6)以身作則，給予經驗教導以供學習，多鼓勵少責怪

試題C-12：如何建立進入障礙，以減少競爭對手的進入？

進入障礙意指商圈有著豐富的人潮、車潮，有良好的商機願景，許多競爭對手都紛紛意圖到此處分一杯羹，因此必須建立進入障礙，是門市營運業務最需要考量的要項，可採用以下的方法處理：

(1)強化差異化服務及有良好的售後服務

(2)建立異業結盟，加強通路

(3)開發差異化商品及特色商品

(4)擴展更多的銷售管道和行銷通路

(5)提高投入資金、擴大營運規模、置入新設備，加強競爭力

(6)建立良好信譽與口碑，取得更多更佳的銷售管道

(7)加強和供應商的關係與取得信賴，確保貨品穩定

(8)隨時開發新供應商夥伴，以利於新商品進貨和比價

試題C-13：為減少存貨成本，身為店長的你該怎麼做？

適當的存貨管理，是為了減少存貨成本，避免滯銷或損失，店長為了減少存貨，必須能掌握以下要點：

(1)定期盤點存貨及架上商品，確保商品流通率

(2)商品以先進先出為原則，保持商品正常流通而不至於滯銷

(3)設定安全存量，進貨與庫存貨品檔案須健全並定期更新

(4)掌握門市主力銷售商品與次級銷售商品，作為訂貨的參考依據

(5)定期存貨盤點，注意使用期限、熱銷品及滯銷品，防止商品損耗

(6)掌控訂貨，包括品項、數量、送貨時間等

試題C-14：如何利用JIT（Just In Time，即及時管理）來減少缺貨的形象損失？

JIT及時管理是指即時供應所需的產品，達到零庫存或使庫存達到最小的作業系統。門市如要實施JIT，必須考慮以下幾點：

(1)強化與供應商合作的關係，縮短供貨時間與維持穩定的品質

(2)與供應商的交易模式，須視需要量頻繁交貨，減少存貨，達到零庫存

(3)門市與供應商要建立健全配套制度方案，以因應突發狀況

(4)提升產品的良率，透過標準化改善商品品質

試題C-15：貨品的陳列應該注意哪些事項？

 參考答案

 融會題意

商品的陳列方式不僅可以吸引顧客的目光，而且可以促使商品提升銷售迴轉率，因此陳列商品時應注意：

(1)針對消費者的心態陳列，以易看、易選、易拿為原則

(2)黃金陳列區（120至160公分黃金線高度）應擺放第一、二級的主力商品，才能吸引消費者注意

(3)貨品陳列需可考量色彩、燈光、焦點貨品等的協調性，讓消費者的目光集中於商品上

(4)依產品品牌、用途及功能分類陳列，以便消費者分析比較

(5)依商品關聯性、消費者購買動機及使用目的陳列商品

(6)商品陳列多樣化，可以讓顧客多樣挑選

(7)陳列架須清潔、品項分類清楚、標示明確及能見度佳，以方便顧客選擇

(8)貨品品項要齊全，陳列時商標正面朝外，掌握上輕下重的陳列原則

(9)提供優良品質的貨源，使消費者對賣場陳列的貨品產生信心

（可參考C-19的答案）

試題C-16：顧客詢問相同商品為什麼昨天買才80元，今天就漲到85元？

 參考答案

 發揮題型

價格通常會隨著門市的檔期、促銷期、週年慶而變化，因此時常需要變動價格，顧客就會提出商品價格問題，此時可以參考以下的回答方式：

(1)請顧客提供發票，查詢商品是否相同無誤

(2)馬上查看商品標價或價格是否輸入正確

(3)向顧客表示歉意，解釋店員標錯價標，立即予以更正

(4)向顧客表示因廠商反映成本，公司已經公告價格調整

(5)委婉告知顧客，之前為特價商品、促銷活動，價格特價活動已截止

試題C-17：廠商進貨，你是門市人員應注意什麼？

 參考答案

 背熟題解

廠商進貨時，門市店員必須確實清點商品，以維護商品品質，如有問題可即時處理，避免產生糾紛，進貨驗收應注意下列幾點：

(1)核對是否有公司訂單，廠商出貨單、貨品明細表應詳細核對

(2)注意有效期限（製造日期）

(3)檢查產品外觀及包裝是否完整無瑕疵

(4)清點進貨產品的品項、數量、規格、品名、單價、廠牌是否正確

(5)檢查配送確認單是否正確無誤

(6)進貨單的廠商是否與訂貨店家名稱相符

(7)確認門市有無瑕疵商品或商品需退貨和換貨

(8)瑕疵商品或退換貨清單核對無誤簽收後，交給管理人員編輯入檔

試題C-18：商品標價時，賣場人員應該注意什麼？

參考答案

背熟題解

商品在標價作業時，為了讓顧客能夠方便觀看、易於挑選商品，因此必須留意小細節，可以採用以下幾種方式處理：

(1)一項商品搭貼一張標籤

(2)標價的價格必須正確無誤

(3)標示於商品正面右下角

(4)不可覆蓋製造日期與保存期限，字體應清晰

(5)商品價格標價以門市公告為主

(6)目錄或促銷傳單上的特價商品標價已過期，應立刻刪除或更正

試題C-19：門市賣場人員「商品陳列」時應注意？

參考答案

背熟題解

商品在陳列作業時，為了讓顧客能夠方便觀看、易於挑選商品，必須注意商品擺放時的安全與動線管理，可以採用以下幾種方式處理：

(1)按商品類別分區陳列，整齊排放

(2)商品應按體積、大小、重量排列

(3)正面陳列，將商品標籤的特色呈現出來

(4)先進先出，注意商品期限，過期便應下價

（可參考C-15的答案）

試題C-20：衝動性購買商品，應如何陳列？

參考答案

背熟題解

衝動性商品泛指消費者臨時起意而非計畫性購買的商品，因此衝動性商品應放在最佳銷售區，建議陳列地方如下：

(1)陳列於結帳收銀櫃檯旁，顧客在結帳時，可由門市人員主動面銷

(2)陳列於結帳區明顯貨架上，如電池、促銷品

(3)陳列於結帳櫃檯檯面上，方便顧客結帳時拿取，如口香糖

(4)陳列貨價明顯處，方便顧客拿取的機會，如當期暢銷雜誌

(5)陳列於結帳區後方貨架，如加價購商品

(6)利用特製區以鮮明色彩陳列，吸引顧客注目

(7)以流動推車架來獨立陳列特價商品區

試題C-21：請問「賣場活性化」應如何展現？

參考答案

背熟題解

賣場活性化泛指的就是：在賣場中可以看到的、聽到的、碰到的、嚐到的、聞到的，等同視覺、聽覺、觸覺、味覺、嗅覺：

(1)視覺：明亮度、賣場的陳列擺設

(2)聽覺：招呼語、背景音樂、廣播內容、促銷語

(3)觸覺：提供商品的試用、試作，陳列品易取、易選

(4)味覺：提供商品的試吃、試飲

(5)嗅覺：讓產品香氣四溢、賣場空間氣味

試題C-22：良好的「商品管理」應該具備哪些要點？

商品管理最主要的就是要保障商品品質，做好進、銷、存貨時，對於數量、金額及品質上的管理，可以採用以下幾項方式：

(1)商品組合：商品整齊陳列不缺貨

(2)商品採購：商品品項多元化和種類齊全

(3)訂貨管理：商品遵守先進先出原則

(4)商品驗收：商品進貨時的檢驗與陳列

(5)商品陳列：能吸引消費者易看、易選、易拿，於黃金陳列區應擺放第一、二級的主力商品

(6)存貨管理：確保商品供應量齊全與貨源充足

(7)商品盤點：了解帳面應收金額與實際庫存量是否一致

(8)倉庫管理：庫存門市所需商品的量以防缺貨

試題C-23：「賣場週年慶」你認為何種促銷方式，最能吸引顧客？

賣場打出週年慶時主要是為了要提升營業業績，吸引顧客上門，此時可以參考以下的方法：

(1)有獎徵答活動

(2)降價打折

(3)限時搶購

(4)加價購買

(5)買多少送多少

(6)來店禮

(7)抵用券

試題C-24：賣場中預計推出某項新商品，促銷方式應採用何種最佳？

賣場提供新商品時通常都會先以促銷手法來吸引顧客購買，因此必須有良好的促銷策略，但促銷策略有非常多種，以下幾種可以參考：

(1)降價促銷

(2)贈送贈品

(3)試吃試用

(4)優惠折扣

(5)廣告宣傳

(6)組合式商品販售

（可參考C-23的答案）

試題C-25：你認為交接班，該交接什麼，請列舉5項。

參考答案

背熟題解

門市營業時間會依時段分派服務人員，此時每一個時段的服務人員必須做交接班作業，而需要交接的項目有很多種，在這裡列舉幾項：

(1)人員交接：人員交班

(2)金錢交接：收銀金額、零用金、貨款

(3)鑰匙交接：相關設備鑰匙，如收銀機、大門、保險箱

(4)存貨交接：商品存貨量盤點單交接

(5)財務交接：週轉金、預備金

(6)檔案報表交接

(7)代辦事項交接

以上列舉5項即可

試題C-26：騎樓是商店的延伸，騎樓要注意清潔的地方有哪些？

參考答案

背熟題解

騎樓是商店的延伸，也是顧客進入門市的第一印象，平時應做好清潔維護動作，使其樓面光潔明亮，吸引顧客目光及上門，清潔的地方有以下幾項提供參考：

(1)騎樓地板應隨時保持清潔，勿堆放雜物

(2)騎樓的盆栽要定時修剪整理，注意商店的門面

(3)騎樓範圍的牆壁、公共電話不可張貼小廣告，應定期清理

(4)騎樓玻璃面需每天定時擦拭，保持清潔及明亮

(5)騎樓如放置購物籃或購物車，應排放整齊以防意外

試題C-27：「櫃檯銷售區」平時需如何維護清潔？

參考答案

背熟題解

櫃檯銷售區除了結帳作業外，平時要注意清潔，隨時做好維護工作，讓顧客留下好印象，因此要做好管理維護，可以採用以下幾種方法：

(1)櫃檯銷售區商品應依門市規定擺設整齊，勿堆放私人物品等非相關品

(2)櫃檯銷售區不要亂貼海報或塗鴉

(3)櫃檯銷售區機具及商品，應依門市規定的櫃檯配置圖擺設整齊

(4)隨時檢查櫃檯銷售區是否保持整潔

(5)檯面如有髒污，應立即擦拭

試題C-28：「門市倉庫」平時如何維護？

參考答案

背熟題解

門市倉庫裡面擺放的都是商品的新品、過期品、報廢品等，因此做好倉庫管理是維持門市營運的要項之一，可以採用以下的方法管理維護：

(1)倉庫門應隨時關閉，進出人員需管制

(2)倉庫裡的商品必須按類別規定放置

(3)倉庫雜物應擺放整齊和定時清理

(4)易碎物品、危險物品標示警告標語小心注意

(5)回收物品、退貨物品必須隔開擺放，以先出先擺為原則

(6)門市倉庫管理，避免重複訂貨，而導致空間狹小雜亂

試題C-29：商店賣場5S，請問是什麼？

5S源自於日本，其所謂5S指的就是整理、整頓、清掃、清潔、教養：

(1)整理：平時定位、歸位，不同的物品應處理掉

(2)整頓：有需要的物品定出位置，整理出循序狀態

(3)清掃：應定期清理，清掃工作環境與機器

(4)清潔：持續維持整理、整頓、清掃三項步驟的成果

(5)教養：養成5S的習慣，培訓員工良好作息，建立自律目標

試題C-30：商店賣場須注意清潔的地方有哪些？請列舉三點。

賣場內清潔是每個門市員工最基本的工作，清潔的方式以及留意的地方都有規定，可以參考以下幾項要點：

(1)地板應隨時保持清潔且無水痕

(2)收銀機應保持乾淨，勿亂貼貼紙或膠帶等

(3)玻璃門應保持明亮及門把應清潔

(4)購物籃應保持乾淨，有破損應更換，避免割傷

(5)空調處及貨架上方避免灰塵、蜘蛛網滋生

(6)冷凍櫃、冷藏櫃定期清理保持鮮度，不可有臭味

(7)賣場門口不可堆放雜物或垃圾

以上列舉三點即可

四、試題剖析

依三大題型名稱，將試題分類以便考生更加容易理解試題書寫內涵。

檢定名稱	試題分類	試題
一、服務品質	顧客抱怨處理	A-01：當客戶進門購物卻買不到欲購的商品，店員應如何處置？
		A-02：當客戶進門購物發現商品不新鮮，並意圖影響賣場其他客戶時，如何處置？
		A-05：客戶無理取鬧批評商品，應如何處置？
		A-06：今天顧客拿了一項已過保存期限的商品指控店員販賣過期商品，但發票是昨天的，你會如何處理？如果客人在賣場大聲喧嘩時怎麼辦？
		A-20：排隊結帳的顧客很多，顧客開始抱怨時，你該如何處理？
		A-21：當顧客抱怨發生時，值班人應如何處理？
		A-23：若顧客聲稱上一班職員找錯錢時，你該如何處理？
		A-25：當顧客反應商品使用後異常，並要求退貨，應如何處理？
	門市狀況處理	A-03：當店員值班只有1人而臨時身體不適，如何處理？
		A-04：當總公司傳送客戶報怨文件，且內容屬實，應如何處置？
		A-08：如果在你經過一番努力說明與推銷之後，顧客仍然不買商品而離去，你應該怎麼辦？
		A-12：當你正在服務顧客的時候，其他顧客開口呼喚，店裡又沒有其他服務人員在場，你應該如何處理？
		A-16：若門市店員心情不好，將情緒反應在顧客身上，身為主管的你，會如何處理？
		A-22：當顧客於店舖打翻飲料時，你該如何處理？
		A-24：顧客的小朋友隨手拿了一樣店舖的商品，卻未結帳，你該如何處理？
		A-26：顧客買了7項商品，並要求將發票分別開立時，收銀員應如何處理？
		A-30：顧客執意使用剛過期之折價券購物，又不聽從說明與補救措施，應如何因應？
二、危機處理	天災處理	B-05：店舖停電的標準作業程序、因應措施為何？
		B-06：颱風季節來臨前你會為店舖做哪些檢查動作及防範措施？
	搶劫處理	B-03：當店員值班工作遭受搶劫時應如何處置？
		B-09：請舉出三種店舖防搶對策？
		B-17：值班時遇到搶匪該如何處理？

檢定名稱	試題分類	試題
二、危機處理	偷竊、詐騙處理	B-04：當客戶進門購物發現其行為有偷竊嫌疑時，應如何處置？
		B-15：當店內抓到國小學童偷竊時，你該如何處理？
		B-23：如何防止顧客偷竊，請列舉三種方法？
		B-02：當客戶購物付款時，店員發現其鈔票為偽鈔，應如何處置？
		B-07：詐騙事件層出不窮，如果你是店長應如何教育店員，避免同樣事件再次發生？
	產品不良處理	B-08：顧客到店買到過期商品，並威脅賠償100萬，你會如何處理？
		B-12：如果顧客拿不良品到店裡抱怨時，應如何處理？
		B-13：如果顧客拿瑕疵品來退還時，你應該如何處理？
	顧客失誤處理	B-10：當顧客不小心打破店內商品時，你應採取何種應對的基本態度？
		B-30：顧客在店內打翻飲料時，應如何處理？
		B-16：如果顧客對在商店已購買商品的價格有所懷疑，應該如何為顧客消除疑慮？
		B-27：顧客詢問本店的商品價格，為何與其他商店不一樣，要如何應對？
		B-18：顧客要求打折或送貨時，請問該如何處理？
		B-19：當顧客反應為何不賣某項品牌商品時，服務人員應如何說明？
	應變服務處理	B-20：顧客要買的某項商品缺貨時，應如何處理？
		B-21：顧客忘了帶購物袋時，應如何處理？
		B-22：顧客使用折價券或廠商折價券購物時，應注意事項有哪些？
		B-26：顧客持大鈔購物而門市小額鈔票即將用完，應如何處理？
	門市狀況處理	B-01：當店員值班時工作受傷，店長應如何處置？
		B-24：當POS 設備故障，應如何處置？
		B-28：當班站櫃時你發現收銀機發票印字不清楚時，應該如何處理？
		B-25：當店內發生盤損時，你要如何處理？
		B-29：雨天時如何保持店內整潔？
三、顧客服務與商店經營	門市人員能力	C-05：你覺得在你的能力範圍內，如何做能吸引顧客再次上門？
		C-06：請說明結帳的作業程序，並簡述之。
		C-18：「商品標價」時，賣場人員應注意什麼？
		C-22：你認為良好的「商品管理」應該具備哪些要點？
		C-25：你認為交接班，該交接什麼？請列舉五項。

檢定名稱	試題分類	試題
三、顧客服務與商店經營	商品價格處理	C-03：客戶反應商品價格較貴，應如何處置？
		C-16：顧客詢問相同商品為什麼昨天買才80元，今天就漲價到85元，身為值班人員應如何回答？
	門市店長能力	C-04：面銷很重要，可以提升客單價，你會如何教育店內其他人員面銷？
		C-08：一位成功的店長應具備哪些特質？請列舉三項。
		C-09：商圈提升業績的要點為何？可從哪些方面著手？
		C-10：如何維持顧客的來店率？請舉例說明。
		C-11：如何強化員工向心力，降低人員流動率？
		C-12：如何建立進入障礙，以減少競爭對手的進入？
		C-13：為減少存貨成本，身為店長該怎麼做？
	商品數量管控	C-02：由於補貨車因故未能及時補齊，導致商品短缺，應如何處置？
		C-07：請列舉三項做商品盤點與庫存的好處？
		C-14：如何利用JIT（Just In Time 及時管理）來減少缺貨的形象損失？
		C-17：廠商進貨，門市人員應注意什麼？
	商品陳列處理	C-15：貨品的陳列應該注意哪些事項？
		C-19：門市賣場人員「商品陳列」時應注意什麼？
		C-20：衝動性購買商品應如何陳列？
		C-21：請問「賣場活性化」應如何展現？
	商品促銷處理	C-23：「賣場週年慶」你認為何種促銷方式最能吸引顧客？
		C-24：賣場中預計推出某項新商品時，它的促銷方式應採何種最佳？
	門市清潔處理	C-01：當鄰居抗議商店週遭銷售商品廢棄物太多，應如何處置？
		C-26：騎樓是商店的延伸，騎樓要注意清潔的地方有哪些？
		C-27：「櫃檯銷售區」平常須如何維護清潔？
		C-28：「門市倉庫」平時如何維護？
		C-29：商店賣場的5S請問是什麼？
		C-30：商店賣場要注意清潔的地方有哪些？請列舉三點。

五、門市服務丙級技術士技能檢定術科測試／第一崗位：筆試評審總表

檢定日期： 年 月 日 **入場時間：** 時 分，**出場時間：** 時 分
試題編號：1. ＿＿＿＿＿＿＿＿ **2.** ＿＿＿＿＿＿＿＿ **3.** ＿＿＿＿＿＿＿＿

准考證號碼/應檢人姓名	得分(I1+I2+I3)×0.125	分數(I)	檢定問題	評分說明
			1.	
			2.	
			3.	
			1.	
			2.	
			3.	
			1.	
			2.	
			3.	

監評長簽章：（請勿於測試結束前先行簽名） **監評人員簽章：**（請勿於測試結束前先行簽名）

第二崗位　實地檢證

項目	內容	內容說明	時間	配分	備註
第二崗位	實地檢證	第三大題型：櫃檯作業（一次檢測10人，測驗25分鐘後換場）	50分鐘	100	占比：35%

第三大題型：櫃檯作業

一、櫃檯作業應考須知

1.收銀機準備作業。

2.測試範圍：簡易設備操作、結帳、離櫃及投庫等作業。

3.以服務基本原則為評分考量：

(1)「收銀操作」：發票更換、一般操作、交接班表投庫、填寫、重點商品管制表及商品包裝為主要給分項目評分考量。

(2)櫃檯招呼禮節、應對動作及態度自然為主要評分考量，整體感覺滿意或特別突出主要為加分項目，以不正確為主要扣分項目。

二、評分項目

項目	1.簡易設備操作		2.結帳作業		3.投庫作業		4.離櫃作業	
	1-1 安裝紙捲	1-2 現金盒整理	2-1 發票檢查：班別、結帳品項	2-2 發票檢查：結帳金額、找零金額	3-1 投庫單檢查：金額填寫	3-2 投庫單檢查：收銀機聯	4-1 交接班設定	4-2 現金填表
評分類別								
評分要項	收執聯、存根聯發票同步調整及發票定位	1.零用金現金整理、正確點收 2.現金盒由大至小排列	發票內容：含部門、金額、小計及找零	找零895元正確性	正確填寫	正確點收及歸位	按交接班鍵第三班	正確點收
評分比重	±10	±10	±10	±10	±10	±10	±10	±10

三、加分評分項目

加扣分項目	站櫃儀態	結帳用語	包裝作業	離櫃歸位與整理
加扣分比重	±5	±5	±5	±5
評分要項	表情、報到禮節動作及應考態度	總共○○元，收您○○元，找您○○元，謝謝！歡迎再度光	1.主動包裝 2.輕上重下擺放（視道具而定）	櫃檯內無雜物（含櫃檯點交及整潔度）

四、櫃檯作業考場機具設備一覽表（應檢人）

項目	名稱	規格	數量	備註
1	收銀機	含現金盒	1臺	
2	結帳櫃檯	以長型桌代替	1臺	
3	陳列架	最少三層以上的陳列架	1個	
4	投庫箱	壓克力箱或金庫箱	1個	
5	商品A-E	商品模型（各一件），依試題標示價格	5件	
6	空白發票	紙卷背面具黑色感應點	2捲	
7	考生用筆	寫試卷用	1枝	黑色原子筆
8	口紅膠	黏貼投庫單用	1支	
9	投庫夾鍊袋	以可置入紙鈔大小即可，並易密拆封投庫用	2個	1個投庫用 1個離櫃用
10	包裝袋	透明或白色塑膠袋	1個	紙袋及塑膠袋皆可
11	假鈔-$1,000	面額1000元	1張	注意牛皮紙袋封面的數量配置
12	假鈔-$500	面額500元	1張	注意牛皮紙袋封面的數量配置
13	假鈔-$100	面額100元	11張	注意牛皮紙袋封面的數量配置
14	假鈔-$50	面額50元的硬幣	4枚	注意牛皮紙袋封面的數量配置
15	假鈔-$10	面額10元的硬幣	18枚	注意牛皮紙袋封面的數量配置
16	假鈔-$5	面額5元的硬幣	4枚	注意牛皮紙袋封面的數量配置
17	牛皮紙袋	材料及用品之配置數量須依本崗位試題規定的牛皮紙袋內的準備項目	1個	

五、櫃檯作業模礙試題

(一)簡易設備操作

1.安裝收銀機紙捲。

2.接班責任鍵設定:第二班。

3.接班分配收銀零用金(2350元)。

面額	500元	100元	50元	10元	5元
金額	500元	1400元	250元	170元	30元

(二)結帳作業

1.請以牛皮紙內的1000元紙鈔,購買貨架上A+C+E商品並開立發票及找零以置入包裝袋內。

2.完成結帳找零,並將開立發票黏貼於本試卷背面。(請依門市標準用語進行)

(三)投庫作業

1.為降低門市現金風險,請完成投庫作業。

2.投庫單請黏貼於本試卷背面。

(四)離櫃作業

1.設定交班責任鍵:第三班。

2.點交現金盒內容,並填寫下列空格:

	500元	100元	50元	10元	5元	投庫現金	總計
小計	元	元	元	元	元	元	元

3.填寫完交試卷並點交收銀零用金及將相關物品歸位放入牛皮紙袋完成作業。

-------------------- 請沿線整齊撕開 --------------------

第一聯:金庫聯

$ _____ 元

班別:

准考證編號:

考生姓名:

第二聯:收銀機聯

$ _____ 元

班別:

准考證編號:

考生姓名:

六、收銀機介紹

(一)收銀機型號說明

　　術科考場所使用的收銀機大約有四種品牌，機型略有不同，分為發票機獨立機型、合併式機型。全國門市服務丙級檢定考場採用的收銀機型號，如**表2-1**：

表2-1　全國門市服務檢定考場和採用的收銀機型號

項次	地區	試場單位	丙級考場	乙級考場	收銀機型號	收銀機機型
1	北部考場	德明技術學院	☆	☆	未辦檢定	
2		私立穀保家商	☆	☆	TOWA ET-3610T	分離式
3		國立三重商工	☆		TOWA FA-3200	合併式
4		致理技術學院	☆	☆	CASIO 3200	合併式
5		私立莊敬工家	☆	☆	CASIO TK-3200	合併式
6		東南科技大學	☆	☆	CASIO CE-6800	合併式
7		萬能科技大學	☆	☆	TOWA FA-3200	合併式
8		桃園職業訓練中心	☆	☆	錢隆 PM-530	合併式
9	中部考場	國立臺中家商	☆	☆	TOWA ET-3610T	分離式
10		嶺東科技大學	☆	☆	TOWA FA-3200	合併式
11		國立豐原高商	☆	☆	TOWA ET-3610T	分離式
12		國立員林家商	☆		TOWA FA-6200	合併式
13		環球科技大學	☆	☆	TOWA FA-6200	合併式
14		國立虎尾農工	☆		TOWA FA-6200	合併式
15		國立草屯商工	☆	☆	創群 FT-2000+	合併式
16	南部考場	私立萬能高工	☆	☆	創群 FT-2000+	合併式
17		吳鳳科技大學	☆	☆	創群 FT-3000	合併式
18		國立臺南高商	☆	☆	CASIO TK-6800	合併式
19		國立曾文家商	☆	☆	TOWA FA-3200	合併式
20		南臺科技大學	☆	☆	TOWA PZ-2	合併式
21		臺南職業訓練中心	☆	☆	錢隆 PM-530	合併式
22		南區職業訓練中心	☆	☆	錢隆 PM-530	合併式
23	南部考場	私立樹德家商	☆	☆	創群 FT-2000+	合併式
24		私立三信家商	☆	☆	TOWA FA-6200	合併式
25		和春技術學院	☆	☆	CASIO CE-6800	合併式
26		樹德科技大學	☆	☆	創群 FT-2000+	合併式
27		國立宜蘭高商	☆	☆	CASIO TK-6800	合併式
28		國立蘇澳海事職校	☆	☆	CASIO CE-6800	合併式
29		國立花蓮高商	☆		TOWA FA-6200	合併式
30		國立臺東高商	☆		TOWA FA-3200	合併式

註：資料僅供參考，如需詳情請查詢各單位考場。

(二)收銀機構造說明

目前術科考場所使用的品牌：卡西歐（CASIO）、創群（INNOVISION）、夏普（SHARP）、錢隆（AcuPlus）、東洋（TOYO）等等。收銀機的品牌與型號在操作上會有所不同，尤其是在**開機裝發票**及**交班鍵**的設定會有所差別，而機器本身基本的構造上，在面板的功能鍵盤排列上，幾乎大同小異。各廠牌的面板鍵構造大致都相同，所以不必太擔心。主要分為四大功能區：

1.功能鍵區。
2.數字區。（金額區）
3.商品品項區。（部門區）
4.結帳區。

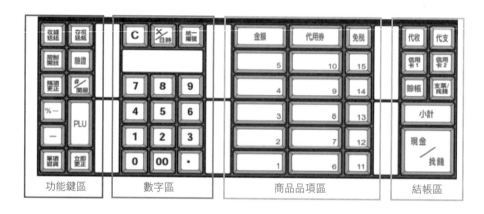

(三)收銀機型外觀說明

1.發票機合併式機型：以**CASIO CE6800**說明收銀機部件以及各項功能。

2.發票機獨立式機型：以TOWA ET3610T說明收銀機部件以及各項功能。

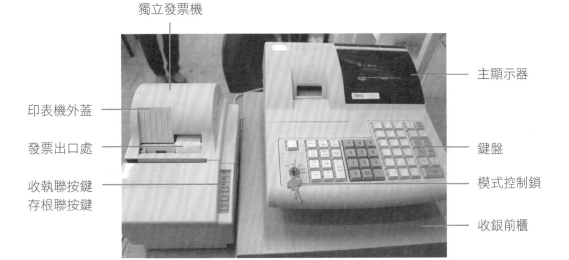

獨立發票機

印表機外蓋

發票出口處

收執聯按鍵
存根聯按鍵

主顯示器

鍵盤

模式控制鎖

收銀前櫃

七、收銀機接班責任鍵設定說明

(一)CASIO TK3100/CE6800/CE6700型

1. 收銀機上的鑰匙轉至【登錄1】即可裝發票與操作收銀作業流程（**圖2-1**）。在裝上發票的過程，如收銀機螢幕出現【EEEEEEE】則表示發票尚未裝妥。
2. 裝妥發票後，請按面板上的【責任者2】，即表示交班鍵已設定好【第2班】，後隨即開始操作收銀作業流程（**圖2-2**）。

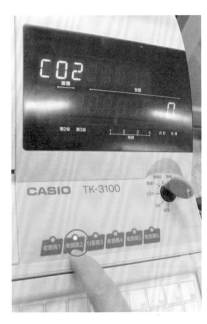

圖2-1　收銀機上的鑰匙轉至【登錄】　　圖2-2　按面板上的【責任者2】

3.【第3班】的設定與【第2班】相同,按面板上的【責任者3】,即表示交班鍵已設定好【第3班】。

(二)創群INNOVISION 3000/2000+型

1. 收銀機上的鑰匙轉至【查帳】即可裝發票。

2. 裝妥發票後,再將鑰匙轉至【收銀】,設定交班鍵。

3. 請按面板上的數字鍵【2】再按功能鍵上【收銀員】,螢幕出現[b0],即表示交班鍵已設定好「第2班」,便開始操作收銀作業流程。

4.【第3班】的設定與【第2班】相同,按面板上的數字鍵【3】再按功能鍵上【收銀員】,螢幕出現【c0】,即表示交班鍵已設定好【第3班】。

(三)錢隆PM-530型

1. 收銀機上的鑰匙轉至【裝紙】即可裝發票與操作收銀作業流程(圖2-3)。

2. 裝妥發票後,將鑰匙轉至【收銀】按面板上的數字鍵【2】(圖2-4)再按功能鍵上【收銀員】,螢幕上出現【2】,即表示交班鍵已設定好【第2班】,便開始操作收銀作業流程。

3.【第3班】的設定與【第2班】相同,按面板上的數字鍵【3】再按功能鍵上【收銀員】,螢幕出現【3】,即表示交班鍵已設定好【第3班】。

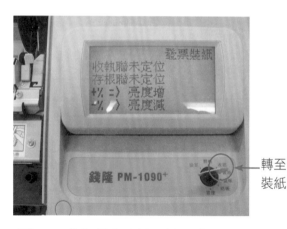

設定【第2班】,顯示2

圖2-3　收銀機上的鑰匙轉至【裝紙】	圖2-4　鑰匙轉至【收銀】按面板上數字【2】

(四)TOWA-FA3200機型

1. 收銀機上的鑰匙轉至【操作】即可裝發票與操作收銀作業流程。(圖2-5)

2. 裝妥發票後,按面板上的數字鍵【2】再按功能鍵上【收銀員】,螢幕上出現【2】,即表示交班鍵已設定好【第2班】,便開始操作收銀作業流程。

3.【第3班】的設定與【第2班】相同。

(a) TOWA-FA3200機型　　　　　　　(b)鑰匙轉至【操作】

圖2-5　TOWA-FA3200機型及收銀作業

(五)TOWA ET-3610T機型（分離式）

1.收銀機上的鑰匙轉至【操作】即可裝發票與操作收銀作業流程（**圖2-6**）。

2.分離發票機裝妥發票後，收執聯、存根聯定位燈亮起（**圖2-7**），表示安裝完成。

3.按收銀機面板上的數字鍵【2】再按功能鍵上【收銀員】，螢幕上出現【2】，即表示交班鍵已設定好【第2班】，便開始操作收銀作業流程。（**圖2-8**）

4.【第3班】的設定與【第2班】相同。

圖2-6　鑰匙轉至【操作】　　　圖2-7　定位鍵的設定　　　圖2-8　收銀員2的設定

八、櫃檯作業檢定考場

(一)櫃檯作業檢定考場全貌

(二)考生櫃檯作業檢定配置

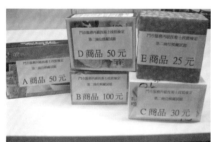

商品A-E

牛皮紙袋與試題

投庫箱

投庫夾鍊袋、筆、口紅膠、假鈔、空白發票

包裝袋

(三)櫃檯作業檢定範圍

■合併式收銀機櫃檯作業配置

陳列架
合併式
收銀機

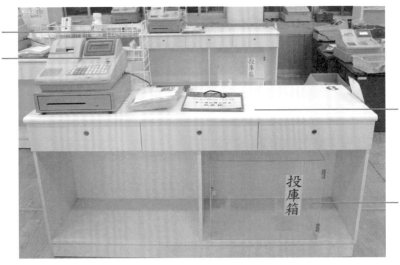

結帳櫃檯

投庫箱

■分離式收銀機櫃檯作業配置

陳列架

分離式
收銀機

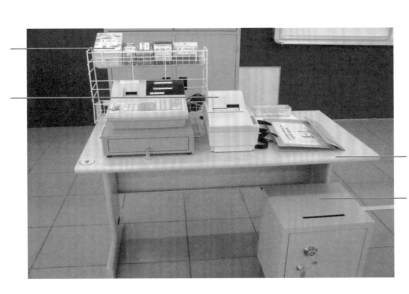

結帳櫃檯

投庫箱

九、櫃檯作業試題檢定操作流程

第1階段：簡易設備操作（5分鐘須完成）

1. 安裝紙捲：安裝收執聯和存根聯發票紙捲。
2. 接班責任鍵設定：按收銀機面板鍵 2 （考卷設定第二班），再按 收銀員 鍵。
3. 擺放現金：零用金分成**500**、**100**、**50**、**10**、**5**五種幣別（1000元面額不用放入現金盒），放在桌上購物用，清點無誤，按收銀機面板鍵 小計 開啟現金盒，依規定放置於現金盒。如下所示：

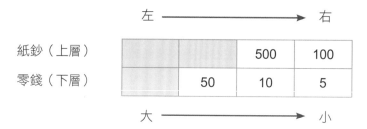

紙鈔（上層）		500	100
零錢（下層）	50	10	5

左 ——————→ 右

大 ——————→ 小

4. 此階段未完成者，可以在第2階段繼續完成，但會被扣分。

第2階段：結帳作業（10分鐘內須完成）

1. 結帳開始大聲唸出門市術語：「**您好，歡迎光臨！**」，拿A、C、E商品，「**這是您所需要的商品嗎？**」，「**很高興為您服務！**」。
2. 開始操作收銀機，依結帳流程大聲唸出「**A商品50元，C商品30元，E商品25元**」。操作如下：
   (1)商品50元：按收銀機面板 5 0 鍵，再按 A 鍵；
   (2)商品30元：按收銀機面板 3 0 鍵，再按 C 鍵；
   (3)商品25元：按收銀機面板 2 5 鍵，再按 E 鍵。
3. 收銀機面板按下 小計 鍵，口說門市術語：「**您的商品總共是105元**」。
4. 取下考卷上所夾的1000元，口說門市術語：「**收您1000元**」；按收銀機面板 1 0 0 0 鍵，再按 現金 鍵；此時，現金盒自動開啟，將1000元放入現金盒下面。
5. 取出零錢895元（500元1張，100元3張，50元硬幣1枚，10元硬幣4枚，5元硬幣1枚）和發票（夾於紙鈔與硬幣中間），口說門市術語：「**找您895元**」，將895元與發票放在桌上的【找零錢專用的塑膠盒】內。
6. 將A、C、E三項商品裝袋，依【重、大商品在下；輕、小商品在上】原則放置。
7. 將放在桌上的找零錢專用的塑膠盒內的發票取回貼於【考題背面】。

第3階段：投庫作業（含10分鐘完成）

1. 試題下方表格，【金庫聯】與【收銀機聯】都要填寫。

2. 班別：填入【第三班】；框框內：填入金額【1000元】；填寫准考證編號及考生姓名。

3. 【金庫聯】與【收銀機聯】填寫完畢後，將兩聯撕開，取【收銀機聯】單貼於考題背面。

------------------------------ 請沿線整齊撕開 ------------------------------

第一聯：金庫聯		第二聯：收銀機聯

班別：　　　　　　　　　　　班別：

准考證編號：　　　　　　　　准考證編號：

考生姓名：　　　　　　　　　考生姓名：

4. 按收銀機面板 開屜 鍵開啟現金盒，取出現金盒下面的【1000元】，連同【金庫聯】單一起放入【投庫袋】內。

5. 將【投庫袋】投入【金庫箱】內。須注意：要完全投進箱內，不要再取出。

第4階段：離櫃作業（含10分鐘完成）

1. 設定交班責任鍵：按收銀機面板鍵 3 （考卷設定第三班），再按 收銀員 鍵。

2. 收銀機面板按下 開屜 鍵，開啟現金盒，取出盒內現金做清點、登記金額（如下表）、將錢裝入現金袋中。記得要填寫投庫箱內的1,000元。

金額	500元	100元	50元	10元	5元	投庫現金	總計
小計	元	元	元	元	元	元	元

3. 收銀機開關鑰匙轉到【OFF】關機。

4. 取出收執聯和存根聯發票捲紙。

5. 將所有物品全部裝回牛皮紙袋內，包含兩個發票紙捲、現金袋、原子筆、膠水。

6. 試卷留在桌面上。

第三大題型：櫃檯作業實際操作流程

一、櫃檯作業──準備動作

步驟	實務操作流程	特別叮嚀
1.檢查應檢商品	檢查考試所用商品，分為五大品項： A商品 B商品 C商品 D商品 E商品	1.檢查貨架上是否有五項商品 2.有缺項者，請在考試現場反應
2.檢查試卷與紙袋	1.檢查應檢試卷有無 2.檢查牛皮紙袋有無（依考場不同，試卷會放置於牛皮紙袋旁、或牛皮紙袋、或是夾在牛皮紙袋上，均依照考場設定為主）	檢查試卷上方准考證號碼及姓名是否正確
3.檢查收銀機	1.檢視收銀機臺是否正常或有異常（適用機型：卡西歐CE-6800） 2.若收銀機已開機，檢查是否有錯誤訊息存在，若有即請監評人員協助處理	有任何問題應立即反應，以免影響操作權益
4.檢視牛皮紙袋內的用品	依序檢視牛皮紙袋上各項用具明細： 1.假紙鈔1000元1張 2.假紙鈔500元1張 3.假紙鈔100元11張 4.假硬幣50元4枚、10元18枚、5元4枚 5.發票紙捲：2份 6.夾鍊袋：2個 7.塑膠袋（購物袋）：1個 8.口紅膠：1支 9.原子筆：1支 10.收銀試卷：1張	1.請確實檢收，以免發生整零或總計的錯誤 2.取出應檢用品時，不可用傾倒的方式倒出，以免發出聲音事小（驚動監評人員），東西掉落地上事大（可能會被扣分）

二、簡易設備操作——1-1安裝紙捲

步驟	實務操作流程	特別叮嚀
1. 開機動作	 1.開啟收銀機總開關鍵 2.裝紙捲前,將鑰匙轉至【登錄1】位置,完成開機動作。 (若收銀機無法打開,舉手反應給監評人員)	各考場使用收銀機型皆有所不同,監評人員會現場說明使用方法,請務必立即記起來
2. 打開印表機蓋	 1.一手扶著外蓋左側 2.一手掀開外蓋右側 3.向上翻開印表機外蓋動作	掀開時避免太用力,以免外蓋扯掉而掉落
3. 取下存根聯捲軸	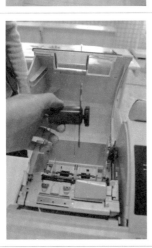 1.由捲紙軸固定座卸下「黑色的存根聯捲軸」 2.放在桌上 (留意捲軸不要滾落到地上,以免破損或產生噪音造成扣分疑慮)	裝發票紙捲時務必裝回捲軸,考試緊張容易忘記裝回紙捲,會嚴重扣分
4. 撕發票紙捲	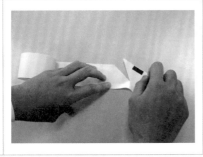 1.反折發票紙捲背面,超過「兩黑色的感應點」 2.從反折線平整撕開,儘量不要有皺摺 3.同時撕開兩份發票紙捲,可節省時間 (此動作用意為使插入發票紙捲時更容易)	1.考試緊張會流手汗的考生,避免讓反折線濕黏,以免裝紙時更加困難 2.宜保持平常心,時間很充裕

步驟	實務操作流程		特別叮嚀
5.放置存根聯紙捲		1.拉開紙捲 2.放入印表機後面的紙捲凹槽內 3.確認紙捲的出紙方向，紙捲「黑色感應點」應在「紙捲內側，且為朝上位置」	紙捲一定要放對方向，拉出發票時才能感應到，若收銀機一直送紙，則表示紙捲裝設方向反了
6.插入發票		1.按壓右邊紙捲「彈簧夾」 2.輕輕放入紙捲並將紙帶前端插入印表機進紙口到底至插不動為止 3.按功能鍵「存根送紙」，紙捲會從前端輸出	發票紙前端可撕斜角，以利於插入印表機進紙口
7.拉出發票		1.方式一： (1)一手按壓紙捲「彈簧夾」 (2)一手拉出紙捲前端預留約15至20公分左右（拉出發票時確認是否黑色感應點在發票內側、朝上的方向，若不是則趕緊重新裝紙） 2.方式二：持續按壓功能鍵「存根送紙」讓發票紙自動輸出直到送出約20公分長為止，釋放按鍵	務必按壓「彈簧夾」，避免拉斷紙張需重新裝紙

步驟	實務操作流程	特別叮嚀
8. 安裝紙捲軸	紙帶前端部分插入捲紙軸之插縫內，捲繞於捲紙軸上	捲軸一定要轉對方向，裝反會嚴重扣分
9. 捲上存根聯紙	順時針（前方）方向轉動捲軸2至3圈，將所有紙張旋緊後，放在捲軸卡槽上	緊張時容易逆時針方向轉動捲軸，務必記住
10. 固定存根聯捲軸	將捲紙軸放回印表機後方的固定座凹槽內	確實固定好捲紙軸，否則發票不會捲動

步驟	實務操作流程		特別叮嚀
11.按存根聯送紙鍵		1.再一次按壓功能鍵【存根送紙】，直到印表機自動停止送紙後，再釋放按鍵 2.完成固定「存根送紙」發票安裝動作	1.確認收銀機螢幕出現「存根聯定位」字眼，表示安裝成功 2.部分收銀機是以「存根聯亮燈」，表示安裝成功
12.放置收執聯紙捲		1.拉開紙捲 2.放入印表機後面的紙捲槽內 3.確認紙捲的出紙方向，紙捲「黑色感應點」應在「紙捲內側，且為朝上位置」	紙捲一定要放對方向，拉出發票時才能感應到，若收銀機一直送紙，表示紙捲裝設方向反了
13.插入收執聯紙捲		1.確認紙捲的出紙方向朝下，放入印表機後面的紙捲槽內 2.按壓左邊紙捲「彈簧夾」 3.輕輕放入紙捲，並將紙帶前端插入印表機進紙口到底至插不動為止	1.確認收銀機螢幕出現「收執聯定位」字眼，表示安裝成功 2.部分收銀機是以「收執聯亮燈」，表示安直汪成功

步驟	實務操作流程		特別叮嚀
14. 按收執聯送紙鍵		按功能鍵【收執聯送紙】，至印表機自動找到定位，並自動送紙	
15. 收執聯自動切紙		停止送紙並自動切斷紙帶後，釋放按鍵	
16. 安裝確認		1.收銀機印表機外蓋闔上，看到收銀機螢幕顯示數字歸零，即表示紙捲已安裝好了 2.拉起「顧客用顯示器」	1.螢幕顯示一定要歸零，不然無法開現金盒 2.若未歸零可先按兩個送紙鍵，仍未完成則須確認紙捲方向是否裝反 3.「顧客用顯示器」為顯示操作金額以便評分
17. 交班責任鍵		先要按數字鍵【2】，再按功能鍵【收銀員】，完成班別設定 （依照應檢試卷註明，考生是「第二班」）	1.依收銀機功能鍵設計不同，交班鍵同：【收銀員】或【責任鍵】 2.若未按責任交班，會影響扣分，切勿忘記

步驟	實務操作流程	特別叮嚀
18.完成動作	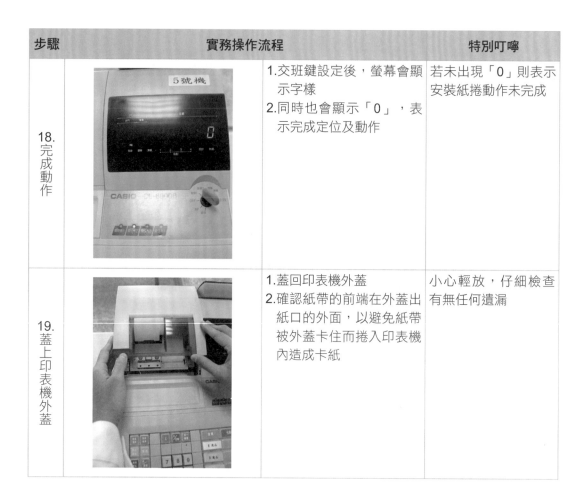1.交班鍵設定後，螢幕會顯示字樣 2.同時也會顯示「0」，表示完成定位及動作	若未出現「0」則表示安裝紙捲動作未完成
19.蓋上印表機外蓋	1.蓋回印表機外蓋 2.確認紙帶的前端在外蓋出紙口的外面，以避免紙帶被外蓋卡住而捲入印表機內造成卡紙	小心輕放，仔細檢查有無任何遺漏

三、簡易設備操作——1-2現金盒整理

步驟	實務操作流程	特別叮嚀
1.打開牛皮紙袋	1.將牛皮紙袋內的物品取出，整齊的擺放在桌上 2.正確點收紙鈔、硬幣數量 3.1000元紙鈔不可放入收銀機現金盒內，應將1000元紙鈔放在試卷處即可	數量短少時須向監評人員反映，不可私下交談
2.打開現金盒	1.按下【開屜】鍵，開啟現金盒 2.現金盒擺放位置：上半部隔間為放紙鈔；下半部隔間為放硬幣	檢查動作不可遺漏，考試後多了不該有的零錢會被扣分

步驟	實務操作流程		特別叮嚀
3.紙鈔入櫃	左大 ──────────→ 右小 |	500元	100元
50元	10元	5元		現金盒擺鈔原則：依序「大至小；左至右」，符合從左邊到右邊找零錢的順勢	考試沒有1元的硬幣
		1.將500元放入現金盒（右邊數過來第二格） 2.將100元放入現金盒（右邊數過來第一格）	1.金額大的一律在左邊 2.1000元鈔不可放入現金盒
4.硬幣入櫃		1.將50元放入現金盒（右邊數過來第三格） 2.將10元放入現金盒（右邊數過來第二格） 3.將5元放入現金盒（右邊數過來第一格）	1.金額大的一律在左邊 2.考試沒有1元假硬幣，不需留1元硬幣放置區
5.完成動作		清點完畢後，闔上現金盒抽屜，完成第一步驟	再次確認紙鈔和硬幣放置位置是否正確

四、結帳作業

步驟	實務操作流程	特別叮嚀
1. 結帳服務話術	「您好！歡迎光臨！很高興為您結帳！」 參考話術： 1.「您好！」 2.「歡迎光臨！」 3.「這是你所需要的商品嗎？」 4.「很高興為您服務！」	1.保持微笑，態度親切 2.注意喊話時聲音太小可能會被扣分
2. 商品結帳	**步驟2-1** 假設應檢試卷結帳商品為A、C、E三項商品，考生走向櫃檯前於貨架上取應檢商品擺於櫃檯上，再走回崗位結帳 **步驟2-1　結帳A商品** 1.拿起A商品 2.面對顧客口誦：「您的A商品50元」 3.按下數字鍵【5】、【0】 4.再按下商品鍵【商品A】	1.假設應檢試卷結帳商品： (1)A商品50元 (2)C商品30元 (3)E商品25元 2.結帳注意相關話術，務必口誦顧客買的商品及價錢。否則會被扣分
	步驟2-2 **步驟2-2　結帳C商品** 1.拿起C商品 2.面對前方顧客說：「C商品30元」 3.按下數字鍵【3】、【0】 4.按下商品鍵【商品C】	結帳注意相關話術，務必口誦顧客買的商品及價錢。否則會被扣分

步驟	實務操作流程		特別叮嚀
2. 商品結帳	步驟2-3	步驟2-3　結帳E商品 1.拿起E商品 2.面對前方顧客說：「E商品25元」 3.按下數字鍵【2】、【5】 4.按下商品鍵【商品E】	結帳注意相關話術，務必口誦顧客買的商品及價錢。否則會被扣分
3. 商品裝袋		1.取出考試用紙袋（塑膠袋） 2.將商品A、C、E裝入購物袋內	1.商品體積重或大應放在最下面 2.商品體積輕或小應放在上面
4. 小計金額		1.按下【小計】鍵螢幕會顯示總共105元 2.將螢幕轉向前方顧客（因為結帳時顧客是站在收銀機前方） 3.告知顧客金額：「總共105元。」	1.金額必須正確，否則會嚴重扣分 2.小計後，發現金額不正確則重新輸入 3.千萬別按[立即更正鍵]以免收銀機記憶錯誤

步驟	實務操作流程		特別叮嚀
5.收取現金		1.拿起試卷上的1000元紙鈔 2.告知顧客監評委員：「收您現金1000元。」	1.考生同時扮演顧客和收銀員 2.保持微笑，態度親切
		1.按數字鍵【1】 2.按數字鍵【0】 3.按數字鍵【00】 4.按下【現金／找錢】（發票自動印出） 5.將1000元紙鈔放入現金盒內（放置於硬幣盒下方）	注意按鍵是否正確，若打錯金額可使用清除鍵，再重新輸入
6.找錢動作		1.拿起應支付的找零金額 2.假設要找895元的金額時： (1)拿起500元1張，100元3張，50元1個，10元4個，5元1個 (2)拿起發票 (3)向顧客口誦：「這是您的發票，找您895元，謝謝您！歡迎再度光臨！」 （若考場有提供找零盤，則將找零放於找零盤內）	1.注意找對金額，依照硬幣（上）、發票（中）、紙鈔（下）的方式放置 2.做出找零錢的正確性

步驟	實務操作流程		特別叮嚀
7. 遞交商品		1.提起購物袋,雙手將購物袋往前遞給顧客 2.向顧客口誦:「這是您的商品」(做出動作) 3.再將購物袋放在前方桌上即可	面帶微笑
8. 黏貼發票		將「發票」黏貼在考題背面「左邊」,完成結帳作業!	1.檢查發票內容是否顯示出:部門、金額、小計、找零等項目 2.注意黏貼牢固,發票不見會扣分

五、投庫作業

步驟	實務操作流程	特別叮嚀
1. 填寫金庫聯		填寫「金庫聯」(左聯) 填寫金額:「1000元」 班別:填「2」(責任鍵為2) 准考證號碼:XXXXXXX 考生姓名:XXX	1.切勿將自身學校班級填在「班別」處 2.字跡力求工整,勿潦草 3.有時考生姓名會先印好在試卷上,故須先確認考卷姓名是否為本人

步驟	實務操作流程	特別叮嚀
2.填寫收銀機聯	填寫「收銀機聯」（右聯） 填寫金額：「1000元」 班別：填「2」（責任鍵為2） 准考證號碼：XXXXXXXX 考生姓名：XXX	1.切勿將自身學校班級填在「班別」處 2.字跡力求恭正，勿潦草 3.有時考生姓名會先印好在試卷上，確認考卷姓名是否為本人

- - - - - - - - - - - - - - - - - - - 請沿線整齊撕開 - - - - - - - - - - - - - - - - - - -

金庫聯與收銀機聯填寫範例

第一聯：金庫聯

$1000元

班別：2
准考證編號：XXXXXXXX
考生姓名：方XX

第二聯：收銀機聯

$1000元

班別：2
准考證編號：XXXXXXXX
考生姓名：方XX

步驟	實務操作流程	特別叮嚀
3.撕下作答聯	將應檢試考沿虛線對折，將作答聯撕下： 1.依照虛線折紋對折 2.對折後一手壓住虛線邊緣，一手反轉紙張輕輕往下撕開	注意不要把考卷撕爛了
4.撕開金庫聯與收銀機聯	1.再依「金庫聯」與「收銀機聯」中間虛線處加以對折 2.對折後一手壓住虛線邊緣，一手反轉紙張輕輕往下撕，分開兩聯	注意不要把考卷撕爛了

步驟	實務操作流程		特別叮嚀
5. 投庫作業		1.打開收銀機現金盒，取出1000紙鈔 2.將「1000元紙鈔」和「金庫聯」，一起放進投庫用塑膠夾鏈袋內	注意不要放錯成收執聯，會嚴重扣分
		3.將裝好的塑膠夾鏈袋（1000元紙鈔和金庫聯）投入金庫內	
6. 黏貼收銀機聯		將「收銀機聯」黏貼於應檢試卷背面，完成投庫作業！	注意要黏貼牢固，收銀機聯不見會扣分

六、離櫃作業

步驟	實務操作流程		特別叮嚀
1. 交班責任鍵		依照應檢試卷，設定交班的責任鍵——第三班： 1.先要按數字鍵【3】，再按功能鍵【收銀員】，完成交班設定 2.螢幕會顯示字樣	若未按責任交班，會影響扣分，切勿忘記

步驟	實務操作流程	特別叮嚀
2.清點零用金	1.按下「開屜」鍵，開啟現金盒 2.取出現金盒內所有的餘款，按照幣別的金額清點數量 3.闔上現金盒	1.確實拿出所有零用金、仔細清點 2.務必先將現金盒內的餘款取出清點，如先退出發票，收銀機便打不開現金盒
3.填寫點交單金額	1.在應檢試卷下方點交單列表中，填寫「個別金額」 2.填入投庫金額為「1000」元 3.總計點交金額為「2105」元	總計金額可於試卷背後計算

【點交單】填寫「個別金額」、「投庫金額」、「總計金額」，範例如下：

金額	500元	100元	50元	10元	5元	投庫現金	總計
小計	0元	800元	150元	140元	15元	1000元	2105元

步驟	實務操作流程	特別叮嚀
4.零用金裝袋	將零用金裝入塑膠夾鏈袋裡	
5.關機	將開關鑰匙，轉到【關機】或【OFF】	

步驟	實務操作流程	特別叮嚀
6. 開啟印表機蓋	 準備離櫃時開啟收銀印表機蓋，進行整理發票聯作業	掀開時避免太用力，以免外蓋扯掉而掉落
7. 取出存根聯	 1.由捲紙軸固定座卸下「黑色的存根聯捲軸」 2.撕（剪）斷存根聯紙帶	勿直接用手將紙帶由印表機強力抽出
8. 取出列印存根聯	 1.將「列印過的存根聯」從捲紙軸左方抽出 2.將紙捲捲好，收置桌面上	勿直接用手將紙帶由印表機強力抽出

步驟	實務操作流程		特別叮嚀
8.取出列印存根聯		3.然後按壓右邊「彈簧夾」，直到剩餘紙帶送出 4.將紙捲捲好，放置桌面上備收	
9.取出空白收執聯		1.取出空白收執聯捲紙 2.按壓左邊紙捲「彈簧夾」將空白收執聯捲紙抽出 3.紙捲捲好，收放置桌面上備收	
		4.蓋回印表機外蓋	

步驟	實務操作流程		特別叮嚀
10. 應檢物品清點		清點應檢用品,將以下5項物品放回牛皮紙袋: 1.空白發票紙捲2捲 2.口紅膠1支 3.原子筆1支 4.夾鏈袋(含零用金)1包 5.登入存根聯1張	
11. 回歸物品		1.收拾桌面雜物、垃圾 2.將應檢試卷朝上及牛皮紙袋和購物袋等擺放整齊於桌面上	投庫箱裡的夾鏈袋(現金1000元與金庫聯)不必取出,依舊留在投庫箱
12. 等候監評評分		完成離櫃作業後,原地等待考試時間到,並等候監評人員進行評分動作	注意禮貌、面帶微笑

七、門市服務丙級技術士技能檢定術科測試／第二崗位：櫃檯作業評審總表

檢定日期： 年 月 日（入場時間： 時 分，出場時間： 時 分）

准考證號碼 應檢人姓名	一、簡易設備操作		二、結帳作業		三、投櫃作業		四、離櫃作業		※加扣分項目				得分	
	1-1 安裝紙捲	1-2 現金盒整理	2-1 發票檢查：班別、品項	2-2 發票檢查：結帳金額、找零金額	3-1 投櫃單檢查：金額填寫	3-2 投櫃單檢查：收銀總聯	4-1 交接班設定	4-2 現金點算表	站櫃檯姿態	結帳用語	包裝作業	離櫃時清理與整理	合計(I)	Ix0.35
	10 / 0	10 / 0	10 / 0	10 / 0	10 / 0	10 / 0	10 / 0	10 / 0	+5 / -5	+5 / -5	+5 / -5	+5 / -5		
評分註記 (不及格或有特殊情況請註記原因)													備註：	
評分註記 (不及格或有特殊情況請註記原因)													備註：	
評分註記 (不及格或有特殊情況請註記原因)													備註：	
評分註記 (不及格或有特殊情況請註記原因)													備註：	
評分說明 (不及格或有特殊情況請註記原因)	收執聯、存根聯發票同步調整及發票定位	1.零用金現金整理：正確點收 2.現金盒依序大至小	發票內容(合部門、金額、小計及找零)	正確填寫	正確點收及歸位	按交接班鍵第三班	找零 895 元正確性	總共○元，您收○元，找您○元，謝！歡迎再度光臨	表情、服裝、報到貌前動作態度應考		1.主動包裝 2.輕上重下擺放(戴道具前後)	櫃檯內無雜物(含櫃檯擺放)及整度齊		

監評長簽章：(請勿於測試結束前先行簽名)

監評人員簽章：(請勿於測試結束前先行簽名)

第三崗位　實地檢證（二擇一應試──地板清潔篇）

項目	內容	內容說明	時間	配分	備註
第三崗位	實地檢證	第四大題型：清潔作業（一次檢測10人，測驗25分鐘後換場）	50分鐘	100	占比：35%

第四大題型：地板清潔作業

一、地板清潔作業應考須知

1. 「地板清潔」以清潔基本原則及整潔安全為評分考量，以工具、操作、方法、順序、重點清理及整體清潔為主要評分考量，以不正確、不乾淨作為主要扣分項目。

2. 以選取用具項目、工作順序、用劑、工作方式、注意準備、執業中態度、應對動作及後續處理為主要評分考量，迅速、正確及整體清潔滿意為主要加分項目。

(一)評分項目

項目	1.準備作業	2.掃拖地作業				3.離崗檢查
	1-1	2-1	2-2	2-3	2-4	3-1
評分類別	用具選用是否正確	先掃後托	重點除污	乾溼分離	清潔效果（整潔無水痕）	用具歸位
評分要項	清潔手套、口罩及用具選用正確性	1.清掃順序 2.邊角兩側清理	1.濕的有機土污穢部分先清除 2.順序正確	1.乾淨抹布、拖把及水 2.抹布換面、拖布更換	1.殘留以正確工清理 2.中間拖拭未留污水	1.已清潔整理拖把、布、水桶未留污穢 2.點收歸位依序排放
評分比重	±10	±15	±15	±15	±15	±10

(二)加分評分項目

加扣分項目	準備工作及安全注意	工具正確使用及清理	淨水更換	邊角清潔及後續檢視
加扣分比重	±5	±5	±5	±5
評分要項	1.戴手套、口罩 2.拖地方向及安全注意	1.使用安全刮刀清除標籤 2.畚箕彙集垃圾 3.抹布及用具清理方式	扣分：未清理拖把拖到底	1.細微處清潔度檢視及歸位 2.後續整理或補強

(三)地板清潔考場機具設備一覽表（應檢人）

項目	名稱	說明		注意事項
1	有機土	布置於玻璃清潔考場，適量灑在玻璃座四周	適量	玻璃框架下方需清除乾淨，有機土丟棄於一般垃圾桶
2	廢報紙	布置於地板清潔考試	數張	廢報紙摺好，丟於紙類回收桶
3	專用刮刀	刮地板污漬物專用刀	1把	清除地板上的膠條（雙面膠）
4	專業用掃把、畚箕	符合人體工學之業務用具	1組	打掃用
5	水桶	塑膠製，用於玻璃清潔作業用	1個	水桶裝半桶水，以利提用及省時
6	地板擰乾器	符合人體工學之業務用具（具不發霉材質）	1個	須配合拖把使用（符合拖把尺寸）
7	地板清潔劑	倒適量於水桶內，用於清潔及托地板	1瓶	地板清潔劑不要倒太多，否則脫不乾淨會影響考試時間
8	垃圾桶	垃圾桶分為：一般垃圾桶、紙類回收桶、塑膠類回收桶	3個	垃圾要分類：有機土（一般垃圾桶）；塑膠手套（塑膠類回收桶）；報紙、海報及膠帶紙（紙類回收桶）
9	抹布	不織布（拋棄式）用於刮除玻璃雙面膠及擦玻璃用	適量	刮刀用來刮除玻璃雙面膠或水分，手拿抹布接髒物及多餘的水分
10	拖把—桿	裝設拖把布用	1支	裝設拖把布要扣緊桿扣，以免脫落
11	拖把—布	拖地作業用，2個拖把布用於濕托和乾托	2個	濕托（藍色）和乾托（白色或紅色）
12	清潔用手套	清潔作業須戴手套，手套為拋棄式，考場提供S、M、L三種尺寸	適量	考試一開始就先戴上
13	口罩	清潔作業須戴手套，口罩棄式	適量	考試一開始就先戴上

項目	名稱	說明		注意事項
14	業務用地板清潔劑	地板清潔劑有不同廠牌，有標示	1瓶	地板清潔專用
15	業務用玻璃清潔劑	玻璃清潔劑有不同廠牌，有標示	1瓶	玻璃清潔專用
16	打蠟劑	混淆考生使用	1瓶	考試不使用，勿取用！
17	馬桶清潔劑	混淆考生使用	1瓶	考試不使用，勿取用！
18	廚房清潔劑	混淆考生使用	1瓶	考試不使用，勿取用！
19	浴室清潔劑	混淆考生使用	1瓶	考試不使用，勿取用！
20	漂白劑	混淆考生使用	1瓶	考試不使用，勿取用！
21	洗手乳	混淆考生使用	1瓶	考試不使用，勿取用！

(四)地板清潔作業檢定考場

■地板清潔作業檢定考場全貌

■地板清潔作業檢定用具配置

1.地板清潔用品類：

清潔劑

抹布

專用刮刀

拖把—布

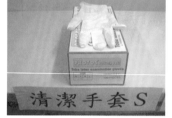
清潔手套S

地板擰乾器

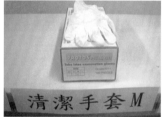
清潔手套M

清潔手套L

拖把—桿

專業用掃把

專業用掃把

2.垃圾桶分類：

(1)一般垃圾桶：丟有機土、口罩、抹布。

(2)紙類回收桶：丟海報。

(3)塑膠回收桶：丟手套。

3.其他類：圖2-9是其他類的清潔劑，由於考試不使用，請勿取用。

圖2-9 考場不使用的清潔劑

■地板清潔作業檢定範圍

　　地板為180公分×180公分，由紅線圈出的區域，考試時，玻璃座不移動，清潔時，座底必須打掃。（圖2-10）

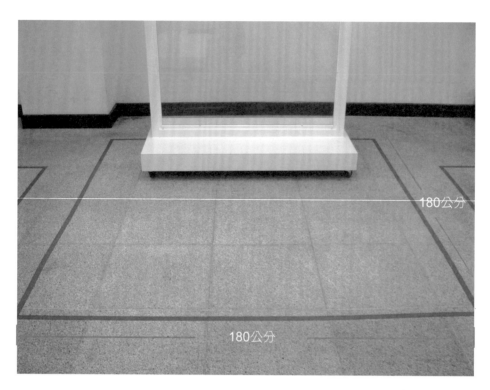

圖2-10　考場地板清潔作業範圍

■地板清潔作業檢定布置

　　考試時，地板紅線區內會布置髒亂現象，如**圖2-11**所示，考場布置有3項：

1.泡棉膠當口香糖：約4至5塊。

2.廢報紙糰：約1至2糰。

3.灑上有機土。

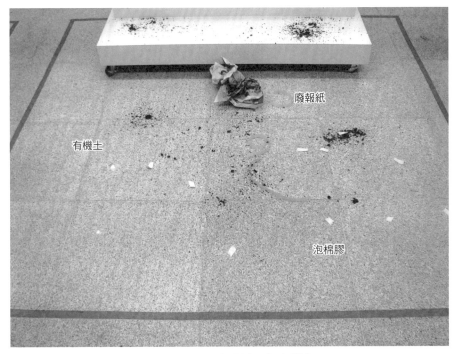

有機土

廢報紙

泡棉膠

圖2-11　考場地板實際模擬

(五)地板清潔作業檢定操作流程

■選擇正確用具與用劑（共10項）

　　地板清潔用具，須依「掃地」和「拖地」兩項取用所需用具。另外，地板清潔檢定作業在選用用具與用劑時，會將10項備品依序號標示好，考生須先穿戴好第1與第2項兩樣用具：

　　1.口罩：口罩須先戴好。

　　2.清潔用手套：接著再戴好手套。

　　以下為掃地用具與用劑：

　　3.掃把一支。

　　4.畚箕一把。

　　5.抹布一塊。

　　6.地板清潔劑一瓶。

　　7.專用刮刀：為短刮刀。

　　下面是拖地用具：

　　8.拖把一桿。

　　9.拖把一布。

　　10.拖把擰乾器。

■操作流程

地板清潔的操作流程是先掃地，後拖地，作業技巧如下：

1.掃地作業：

順序	口訣	操作動作
1	蹲下	避免職業傷害，正確蹲下保持上身挺直，清理地面清潔
2	撿紙	撿起地上廢報紙
3	攤平	整理廢報紙，攤平對折，置於玻璃框架上待回收
4	掃地	先掃兩側，再深入玻璃底下清掃及整體掃除，塵土彙集至中間，掃入畚箕，倒入垃圾桶。清潔時，應面向門口，可注意顧客（監評老師）進門，應適時打招呼：「您好！歡迎光臨！」
5	噴劑	針對污漬噴上地板清潔劑
6	刮除	使用專用刮刀清除地上污漬（黏膠）
7	檢查	檢視整體清潔度，不乾淨時再進行補救
8	倒回收	廢報紙丟入紙類回收桶
9	歸位	掃把、畚箕、專用刮刀點收歸位，並依序排整理（先歸位會較不佔空間）

2.拖地作業：

順序	口訣	操作動作
1	提水	擦乾器水桶裝水
2	倒劑	加地板清潔劑
3	濕拖	第1次濕拖時，濕拖把布的兩側均須拖拭，再將拖把深入玻璃底下及其整體進行拖拭，並清除局部污穢
4	清水拖	第2次濕拖時須換乾淨的水，並以清水濕擦地板，也就是不加噴清潔劑；再做一次兩側拖拭，再將拖把深入玻璃底下及進行整體拖地，最後把拖把布清洗乾淨後擰乾
5	乾拖	換乾拖把布，將地按上次拖地程序依序擦乾，否則會被扣分
6	檢查	檢視整體清潔度，如周圍有水痕要清理乾淨，以免扣分
7	歸位	整理使用過的用具及用劑，點收將所有用品歸位排好
8	倒回收	依垃圾分類放回垃圾桶： 1.口罩、抹布：置於一般垃圾桶 2.手套：置於塑膠回收桶
9	等候	原地站好等候評分

二、地板清潔作業實際操作流程

(一)地板清潔操作——準備作業項目

步驟	實務操作流程	特別叮嚀
1. 地板清潔考試用具	地板清潔考試應檢的用具共計10項： 1.口罩 2.清潔用手套 3.掃把 4.畚箕 5.抹布 6.地板清潔劑 7.專用刮刀 8.拖把頭—桿 9.拖把—布 10.拖把擰乾器	1.地板清潔用具，依「掃地」和「拖地」所需用具，分別取用 2.部分考場備有「量杯」，用於清潔劑取量 3.考場如備有量杯，請考生使用
2. 口罩與手套	需先一次備齊應檢用具前（7項）首先動作： 1.先戴上口罩 2.再戴上清潔用手套	工具區先取口罩及手套先行戴好，再拿取用具
3. 考試用具就定位	準備正確的掃地用具與用劑： 3.掃把1支 4.畚箕1把 5.抹布1塊 6.地板清潔劑1瓶 7.專用刮刀（短刮刀）	注意先後順序

(二)掃拖地作業——掃地作業項目

步驟	實務操作流程	特別叮嚀
1. 處理大型垃圾	1.先將大型垃圾，如廢報紙和海報直接徒手撿起，丟入紙類回收桶 2.或攤開疊折放旁邊，等掃完塵土後，在一起處理 3.將所掃集到的塵土掃至畚箕中	大型垃圾物先行處理，再刮除殘膠
2. 掃地作業順序	**步驟2-1** 遵守「先掃後拖」原則： 1.步驟2-1　先掃左側： 　(1)掃把先從玻璃臺座左側的沙土雜物掃起，由外往內掃 　(2)邊角處要特別注意清掃 　(3)掃出的垃圾，儘量集中一推	1.注意打掃方向 2.掃地時應保持正確姿勢，避免彎腰打掃 3.掃地時，面對評審人員要面帶微笑，並說出：「歡迎光臨！」
	步驟2-2 2.步驟2-2　再掃右側： 　(1)掃把先從玻璃臺座右側的沙土雜物掃起，由外往內掃 　(2)邊角處要特別注意清掃 　(3)掃出的垃圾，儘量集中一推	1.注意打掃方向 2.掃地時應保持正確姿勢，避免彎腰打掃 3.隨時保持微笑及禮貌
	步驟2-3 3.步驟2-3　最後掃底部： 　(1)將玻璃臺座正下方的沙土雜物從底部掃出 　(2)打掃底部，可彎下腰掃除，才能打掃乾淨 　(3)邊角處要特別注意清掃 　(4)掃出的垃圾，儘量集中於一堆	1.打掃底部，可蹲下來打掃 2.此處是評分重點 3.掃地時，面對評審人員要面帶微笑，並說出：「歡迎光臨。」以免遭扣分
	步驟2-4 4.步驟2-4　垃圾集中處理： 　(1)將玻璃底、邊角及兩側清掃等的垃圾，彙集中間 　(2)再度檢視及清掃未乾淨之處 　(3)將所有沙土雜物集中 　(4)將垃圾掃入畚箕內	1.注意打掃方向 2.掃地時應保持正確的姿勢，避免彎腰打掃 3.考場使用的是專業畚箕，注意使用方法

步驟	實務操作流程	特別叮嚀
3.處理地板污穢	 1.使用地板清潔劑噴於地面上污穢處，如膠帶、雙面膠 2.拿起安全刮刀，以食指壓頂住握柄前端，其他手指則緊緊握住握柄 3.一手拿著抹布，一手使用安全刮刀刮除地面局部污穢 4.處理的污穢放於畚箕內 5.再用抹布擦去清潔劑	1.優先清除地板局部污穢 2.刮刀尖銳須注意安全
4.檢視地板	1.檢視地板是否清潔，可再補救 2.處理後再檢視，如不乾淨，利用抹布再擦拭乾淨	先檢視再歸還用具，以免地板不乾淨，無法做補救
5.工具歸位	 1.地板清潔劑不歸還，留下拖地使用 2.將畚箕中的塵土及黏膠垃圾倒入「一般垃圾桶」內，而廢報紙丟入「紙類回收」桶 3.將所有的用具歸回原來取用的位置	1.掃完的掃把、畚箕先歸位，可節省時間 2.切記圾垃要分類，不要亂倒

(三)掃拖地作業──拖地作業項目

步驟	實務操作流程	特別叮嚀
1. 拿拖地用具	 1.完成掃地工作，接續拖地工作再去取用後3項用具： 　(1)拖把─桿1支（用具8） 　(2)拖把─布2個（用具9） 　(3)拖把擰乾器1臺（用具10） 2.取用的用具放回崗位排列整齊 3.拉托把擠乾器到試場外取水，收水後回到工作崗位上	裝水原則以半桶水為主，以免浪費時間
2. 倒入清潔劑	 1.確認裝水完畢 2.清潔劑使用量說明： 　(1)以目測倒入適量的地板清潔劑 　(2)可用清潔劑杯蓋測量，約倒半杯	地板清潔劑不要倒太多，否則地板會有許多泡泡，不好清潔
3. 濕拖把兩側拖地（清潔劑拖地作業）	步驟3-1 	1.**步驟3-1　先拖左側：** 　(1)從玻璃座分兩側拖地 　(2)拖把先從玻璃臺座左側由外往內拖 　(3)拖把以旋轉方式操作 　(4)每拖完一個方向，拖把要翻面 　(5)翻過一回後，要清洗拖把，如此反覆作業，直至全部拖完	1.注意拖地姿勢，挺直腰身，利用手腕力道 2.邊角兩側拖乾淨，宜特別注意死角
	步驟3-2 	2.**步驟3-2　接著拖右側：** 　(1)再從玻璃臺座右側由外往內拖 　(2)拖把先從玻璃臺座左側由外往內拖 　(3)拖把以旋轉方式操作 　(4)每拖完一個方向，拖把要翻面 　(5)翻過一回後，要清洗拖把，如此反覆作業，直至全部拖完	1.注意拖地姿勢，挺直腰身，利用手腕力道 2.邊角兩側拖乾淨，宜特別注意死角

步驟	實務操作流程		特別叮嚀
4.玻璃臺座底下拖地		1.玻璃臺座正下方拖地（可由左至右較順手） 2.拖把再次清洗動作	1.注意拖地的姿勢避免彎腰，必要時可蹲下來拖地 2.先清洗拖把，可使接下來的地面更為乾淨
5.大面積拖地	步驟5-1 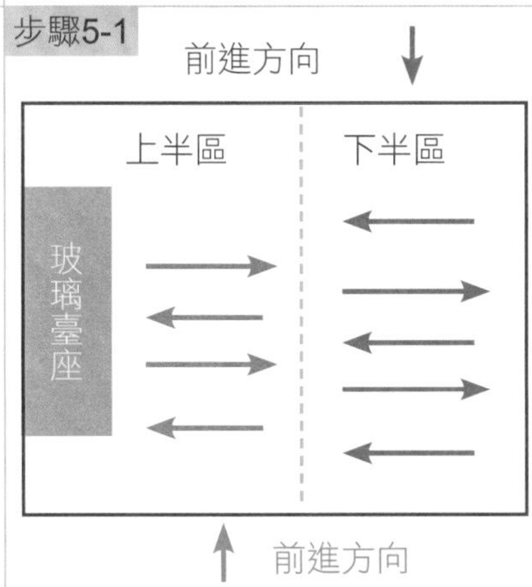 圖2-12　拖地流程	1.步驟5-1　上半區： （建議拖地區平均分兩區，避免拖地後，重複踩踏） (1)拖地由遠而近，操作「S」型的拖地作業，順勢拖地 (2)每拖第一個「S」之後，拖把頭翻面 (3)完成第一條從遠而近的「S」型拖地後，拖把清洗	1.注意清洗拖把的動作：1桶水約清洗拖把3至4次 2.拖把未換面及做清洗動作，會酌予扣分
	步驟5-2 	2.步驟5-2　下半區： (1)下半區塊同樣以「S」型的拖地作業，順勢拖地（如圖2-12） (2)完成後將拖把清洗乾淨	1.注意清洗拖把的動作：1桶水約清洗拖把3至4次 2.拖把未換面及做清洗動作，會酌予扣分
6.更換清水		1.將拖把擰乾推車推至換水區更換清水 2.裝半統水即可 3.清洗拖把，將拖把頭放在擰乾器內 4.重複用手壓下擰乾手把數秒，可將水分充分擰乾	1.更換水的速度要快 2.注意安全 3.擰乾動作做兩次，可避免拖把太濕

步驟	實務操作流程		特別叮嚀
7. 濕拖把拖地（清水拖地作業）		1.同步驟5-1，先拖左側，但此次清水「不加清潔劑」： (1)直接以清水清洗拖把 (2)依照步驟3-1方式再次執行拖地動作 (3)以清水拖2至3次即可	再依清潔劑拖地作業方式，重複做1次，徹底清潔乾淨
		2.同步驟5-2，再拖右側，亦「不加清潔劑」： (1)直接以清水清洗拖把 (2)依照步驟3-2方式再次執行拖地動作 (3)以清水拖2至3次即可	再依清潔劑拖地作業方式，重複做1次，徹底清潔乾淨
8. 擰乾拖把		1.清洗拖把，將拖把頭放在擰乾器內 2.用手壓下擰乾手把數秒 3.將水分充分擰乾	1.可用腳抵著擰乾推車下方，避免擰乾時推車會移動 2.擰乾動作2次可避免拖把太濕
9. 更換乾拖把頭		1.拖把把柄垂直於地板上，拖把頭朝上 2.將濕拖把頭卸下，放置在推車擰乾器內 3.將乾拖把布平放在拖把頭上	1.注意拖把頭要先分成兩邊，正中間要對準扣夾 2.「乾濕分離」前後處理，否則會扣分
10. 乾拖地		1.直接以乾拖把拖地 2.依照「再依清潔劑拖地作業」方式再次執行拖地動作 3.直到地板完全拖乾	地面儘量拖乾，最好拖2至3次

步驟	實務操作流程	特別叮嚀
11. 檢視		1.拖地過後的地面儘量不要去踩踏，保持乾淨 2.蹲下用手隨著眼睛的視線檢視各區域是否有殘膠或垃圾	1.細微處清潔度檢視 2.後續整理或補強，以免被扣分

(四)離崗作業——歸位動作項目

步驟	實務操作流程	特別叮嚀
1. 用具歸位		將所有用具依序歸回架上： 1.濕拖把歸於指定的放置區 2.擰乾器推車、乾拖把、清潔劑物歸原處；但須先將擰乾推車推回換水區倒掉髒水 3.將濕拖把頭放於指定放置區，再將推車推回定位	1.水桶不要留有污穢 2.用具點收，依序排列 3.濕拖把頭務必歸於指定放置區
2. 丟棄手套與口罩		1.先丟棄清潔用手套在「塑膠垃圾桶」內 2.再丟棄口罩在「一般垃圾桶」內	注意先後順序
3. 等候評分		1.確認所有物品歸位 2.回到定位等待監評評分 3.保持微笑	保持禮貌至考試結束，以免被扣分。

三、門市服務丙級技術士技能檢定術科測試／第三崗位：地板清潔評審總表

檢定日期：　　　年　　月　　日（入場時間：　　時　　分、出場時間：　　時　　分）

准考證號碼	應檢人姓名	一、準備作業	二、掃拖地作業				三、離崗檢查	添加扣分項目				得分	
		1-1 用具選用是否正確	2-1 先掃後托	2-2 重點除污	2-3 乾濕分離	2-4 清潔效果整潔無水漬	3-1 用具歸位	準備工作及安全注意	工具正確使用及清理	淨水更換	邊角清潔及後續檢視	合計(I)	Ix0.35
		10　　0	15　　0	15　　0	15　　0	15　　0	10　　0	+5　　-5	+5　　-5	+5　　-5	+5　　-5	備註：	
評分註記 (不及格或特殊情況請註記原因)												備註：	
評分註記 (不及格或特殊情況請註記原因)												備註：	
評分註記 (不及格或特殊情況請註記原因)												備註：	
評分註記 (不及格或特殊情況請註記原因)												備註：	
評分說明		清潔手套、口罩及用具選用正確性	1.清掃順序 2.邊角兩側清理	1.濕有機土污穢部份先清除 2.順序正確性	1.乾淨抹布、拖把、把、水、抹布換面、拖布更換	1.確實以正確工具清理 2.中間拖扶未留污水	1.已清潔整理地、抹布、水桶把、拖污穢 2.壓收歸位依序排放	1.戴手套、口罩 2.拖地方向及安全注意	1.使用安全劑刀清除標籤 2.容具彙集垃圾 3.抹布及用具清理方式	扣分：未用用拖把歸到底	1.細微處清潔度檢視及歸位 2.後續整理或補強		

第三崗位　實地檢證（二擇一應試──玻璃清潔篇）

項目	內容	內容說明	時間	配分	備註
第三崗位	實地檢證	第四大題型：清潔作業（一次檢測10人，測驗25分鐘後換場）	50分鐘	100	占比：35%

第四大題型：玻璃清潔作業

一、玻璃清潔作業應考須知

1. 「玻璃清潔」以工具、操作、方法、順序、重點清理及整體清潔為主要評分考量，以不正確、不乾淨作為主要扣分項目。
2. 以選取用具項目、工作順序、用劑、工作方式、注意準備、執業中態度、應對動作及後續處理為主要評分考量，迅速、正確及整體清潔滿意為主要加分項目。

(一)評分項目

項目	1.準備作業	2.玻璃框窗作業				3.離崗檢查
	1-1	2-1	2-2	2-3	2-4	3-1
評分類別	用具選用是否正確	灰塵清潔	邊框、框角清潔	膠條及局部清除	清潔效果（整潔無水痕）	清理及用具歸位
評分要項	清潔手套、口罩及用具選用正確性	撢子除灰塵	玻璃框及邊框角清潔	1.工具及方法正確性 2.整體清潔度	1.清潔順序 2.以乾淨布及擦拭	1.已清潔整理布、水桶、刮刀未留污穢 2.點收歸位依序排放
評分比重	±10	±15	±15	±15	±15	±10

(二)加分評分項目

加扣分項目	準備工作及安全注意	工具正確使用及清理	淨水更換	邊角清潔及後續檢視
加扣分比重	±5	±5	±5	±5
評分要項	1.戴手套、口罩 2.拖地方向及安全注意	1.使用安全刮刀清除標籤 2.畚箕彙集垃圾	抹布及用具清理方式	1.細微處清潔度檢視及歸位 2.後續整理或補強

(三)玻璃清潔考場機具設備一覽表（應檢人）

項目	名稱	說明	數量	注意事項
1	有機土	布置於玻璃清潔考場，適量灑在玻璃座四周	適量	玻璃框架上方需清除乾淨，有機土丟棄於一般垃圾桶
2	海報紙	布置於玻璃清潔考試，黏貼於玻璃上	數張	撕下海報紙摺好，可用來接污物，然後丟於紙類回收桶
3	專用刮刀	刮地板污漬物專用刀	1把	清除地板上的膠條（雙面膠）
4	玻璃刮刀	刮玻璃污漬物專用刀	1把	清除玻璃上膠條（雙面膠）
5	水桶	塑膠製，用於玻璃清潔作業用	1個	水桶裝半桶水，以利提用及省時
6	玻璃座（含框）	不銹鋼製，底有滑輪，用於玻璃清潔考試	1座	玻璃座固定於考場勿推動
7	垃圾桶	垃圾桶分為：一般垃圾桶、紙類回收桶、塑膠類回收桶	3個	垃圾要分類：有機土（一般垃圾桶）；塑膠手套（塑膠類回收桶）；報紙、海報及膠帶紙（紙類回收桶）
8	小撢子	用於玻璃清潔考試	1支	玻璃（框架）掃塵及灰土使用
9	抹布	不織布（拋棄式）用於刮除玻璃雙面膠及擦玻璃用	適量	刮刀除玻璃雙面膠或水分，手拿抹布接髒物及多餘的水分
10	清潔用手套	清潔作業須戴手套，手套為拋棄式，考場提供S、M、L三種尺寸	適量	考試一開始就先戴上
11	口罩	清潔作業須戴手套，口罩拋棄式	適量	考試一開始就先戴上
12	業務用玻璃清潔劑	玻璃清潔劑有不同廠牌，有標示	1瓶	玻璃清潔專用
13	業務用地板清潔劑	地板清潔劑有不同廠牌，有標示	1瓶	地板清潔專用
14	打蠟劑	混淆考生使用	1瓶	考試不使用，勿取用！
15	馬桶清潔劑	混淆考生使用	1瓶	考試不使用，勿取用！
16	廚房清潔劑	混淆考生使用	1瓶	考試不使用，勿取用！
17	浴室清潔劑	混淆考生使用	1瓶	考試不使用，勿取用！
18	漂白劑	混淆考生使用	1瓶	考試不使用，勿取用！
19	洗手乳	混淆考生使用	1瓶	考試不使用，勿取用！

(四)玻璃清潔作業檢定考場

■玻璃清潔作業檢定考場全貌

■玻璃清潔作業檢定考場模擬布置全貌

■玻璃清潔作業檢定用具配置

1. 玻璃清潔用品類：

2.垃圾桶分類：

(1)一般垃圾桶：丟有機土、口罩、抹布。

(2)紙類回收桶：丟海報。

(3)塑膠回收桶：丟手套。

■玻璃清潔作業檢定範圍

　　玻璃清潔作業考場的玻璃座，為180公分×120公分，含8mm強化玻璃，考試時，玻璃座不移動，清潔時，座底必須清潔。圖2-13為考場玻璃清潔作業範圍。

120公分

8mm強化玻璃

180公分

120公分

圖2-13　考場玻璃清潔作業範圍圖示

■玻璃清潔作業檢定布置

　　考試時，玻璃上會布置髒亂現象，如圖2-14所示：有機土、廢報紙、膠帶。考試只要清潔單面玻璃即可。

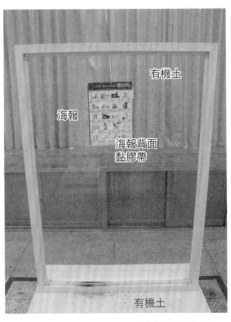

有機土

海報

海報背面
黏膠帶

有機土

圖2-14　玻璃清潔實際檢定模擬圖示

(五)玻璃清潔作業檢定操作流程

■選擇正確用具與用劑

用具共計8項，考生須先將第1與第2項用具戴好：

1. 口罩：口罩須先戴好。
2. 清潔手套：其次再戴好手套。
3. 水桶1個：提半桶水。
4. 小撢子1支。
5. 專用刮刀：短刮刀1支。
6. 玻璃刮刀：長刮刀1支。
7. 玻璃清潔劑：1瓶。
8. 抹布：不織布抹布2條。

上述第3至第8項用具會依序擺放於考試崗位的地上，等候監評老師評分。

■操作流程

玻璃清潔的作業技巧如下：

順序	口訣	操作動作
1	撕下	由下而上撕下玻璃上的海報紙，摺好備用
2	撢淨	用小撢子先清除（乾或濕）有機土→左上框→右上框；左右兩邊框；左下框→右下框，尤其角落有機土以45度的角度清出
3	收集	收集有機土及灰塵於海報紙上
4	噴劑	噴少許玻璃清潔劑
5	刮乾淨	用專用刮刀以角度約30度，清除膠條及局部污漬
6	倒回收	再分類丟棄海報紙（紙類回收桶）及有機土（一般垃圾桶）
7	擦框	將抹布弄濕、對折成三等分，約手掌大小，先濕擦玻璃框及邊框角及玻璃L型的白鐵材質底座（由上而下），擦拭過程中抹布要換面、換水，擦完後，再換提半桶水
8	噴S	將整片玻璃噴上大S型的玻璃清潔劑
9	擦圈	洗抹布清潔後（不要太濕），以順時鐘方向以左而右旋轉擦圈方式向右擦到底，再以旋轉方式，逆時鐘旋轉方式擦回，前後來回擦四趟，將整片玻璃擦完
10	大刮刀	左手拿抹布，右手拿長玻璃刮刀（60度）從左邊由上往下刮至3/4處停，刮刀要用抹布擦乾淨，再往右移，重複由上往下刮水，最後再水平橫向刮剩下的1/4的水痕（每刮一次，就用抹布擦拭刮刀）
11	檢查	檢視整體清潔，需補強的地方可以用抹布局部擦拭，或用玻璃刮刀刮乾淨
12	清四周	最後檢查地面是否有土漬、水漬，可用抹布全部擦乾淨
13	歸位	整理使用過的用具及用劑，點收歸位排好
14	倒回收	口罩、抹布（一般垃圾桶）、手套（塑膠回收桶）依垃圾分類放回垃圾桶
15	等候	原地站好等待評分

二、玻璃清潔作業實際操作流程

(一)玻璃清潔操作──準備動作項目

步驟	實務操作流程	特別叮嚀
1.玻璃清潔考試用具	玻璃清潔考試應檢的用具，共計8項： 1.口罩 2.清潔用手套 3.水桶1個 4.小撢子1支 5.專用刮刀1支（短刮刀） 6.玻璃刮刀1支（長刮刀） 7.玻璃清潔劑1瓶 8.抹布2條	玻璃清潔用具依所需用具及數量，分別取用
2.口罩與手套	需先一次備齊應檢用具8項，首先動作： 1.戴上口罩 2.再戴上清潔用手套	1.用具區先取口罩及手套先行戴好，再拿取用具 2.注意先後順序
3.考試用具就定位	取用後6項的用具，拿回崗位後，依使用順序將工具排列整齊在自己的崗位旁： 3.水桶1個 4.小撢子1支 5.專用刮刀1支（短刮刀） 6.玻璃刮刀1支（長刮刀） 7.玻璃清潔劑1瓶 8.抹布2條	1.一次拿齊所有用具就定位，不可以分次拿取 2.可將所有物品放在水桶內，比較好拿 3.可依照考試流程，依序排列好用具，以方便使用

步驟	實務操作流程	特別叮嚀
4. 裝水	1.找時間先去裝水 2.裝水以5至6分滿的水位即可	因考場水龍頭不多，若一開始沒人裝水可先去裝水，不要浪費時間排隊等水

(二)玻璃清潔作業——清除雜物項目

步驟	實務操作流程	特別叮嚀
1. 撕下舊海報	1.撕下玻璃窗上的舊海報 2.可將舊海報折好，作為除灰塵過程中的收集紙，再分類丟棄	輕輕撕下，由上往上撕，不要用力
2. 撢除灰塵	1.一手持舊海報，一手使用清潔撢子清理上面邊框部分的灰塵及沙土集中 2.清理上左（右）側邊框部分的灰塵及沙土 3.將灰塵及沙土集中掃入舊海報上	1.玻璃框清除原則： (1)由上而下 (2)由左而右 2.玻璃上的乾或濕有機土也要用撢子清除乾淨 3.順序可對調，以順手為主
3. 清理乾淨	玻璃及底座徹底清理，尤其沙土務必清除乾淨，以免清潔刮傷玻璃	注意玻璃窗底部凹漕要清除乾淨

步驟	實務操作流程		特別叮嚀
4. 噴玻璃清潔劑		1.噴量要適中 2.玻璃上殘留膠條,可適量噴灑玻璃清潔劑,使其軟化,再以刮刀清除	清潔劑不要噴太多,以免難整理
5. 刮除殘膠		1.拿起刮刀,以食指壓住握把中心前端,其他手指緊握手柄 2.一手拿著抹布,一手使用刮刀以角度約30度,平貼於玻璃面,向前施力,前後來回清除膠條及局部除污 3.多次回刮,可徹底清除 4.刮完後,要用抹布將刮刀擦乾淨套上套子	1.只要拿刮刀,同時要拿著抹布 2.直接用刮刀把殘膠弄到抹布上即可 3.使用專用刮刀前,先拿下刮刀的「套子」以免使用不當,被扣分 4.刮刀套子顏色有黃、黑、紅等色,請注意
6. 回收垃圾		1.將灰塵、泥土、膠條丟到「一般垃圾桶」內 2.將舊海報丟入「紙類回收垃圾桶」內 3.如有掉落地面的灰塵或沙土,等所有清潔工作完畢後,再以抹布擦拭地板	1.考場垃圾桶有分類標示 2.一定要做好垃圾分類,以免影響分數

(三)玻璃框窗作業——清潔玻璃項目

步驟	實務操作流程		特別叮嚀
1.擦拭框座		1.玻璃清潔準備動作,如未裝水,此時將水裝六分滿 2.將抹布沾濕 3.擰乾抹布,不要讓水滴到地上 4.由上往下擦拭 5.將抹布清洗乾淨擰乾使用	1.抹布擰乾到以不滴水為原則 2.玻璃擦拭原則: (1)由上而下 (2)由左而右
2.擦拭兩側邊框		1.使用濕抹布擦拭左側及右側邊框及邊框角 2.將抹布清洗乾淨擰乾	抹布髒了,需換面或清洗後使用,否則會扣分
3.擦拭玻璃臺座與底座		1.擦拭玻璃臺座上面及前面區域 2.擦拭玻璃臺座兩側區域 3.擦拭玻璃臺座底部邊緣	務必要將玻璃臺座四周擦乾淨
4.噴玻璃清潔劑		1.在玻璃表面噴上適量的玻璃清潔劑 2.玻璃清潔劑由上而下以「S型」噴上玻璃	1.清潔劑不要噴過量,以免泡泡太多,難擦拭 2.清潔劑噴太少則會不容易刮

步驟	實務操作流程	特別叮嚀
5.擦拭玻璃（八次旋環擦拭）	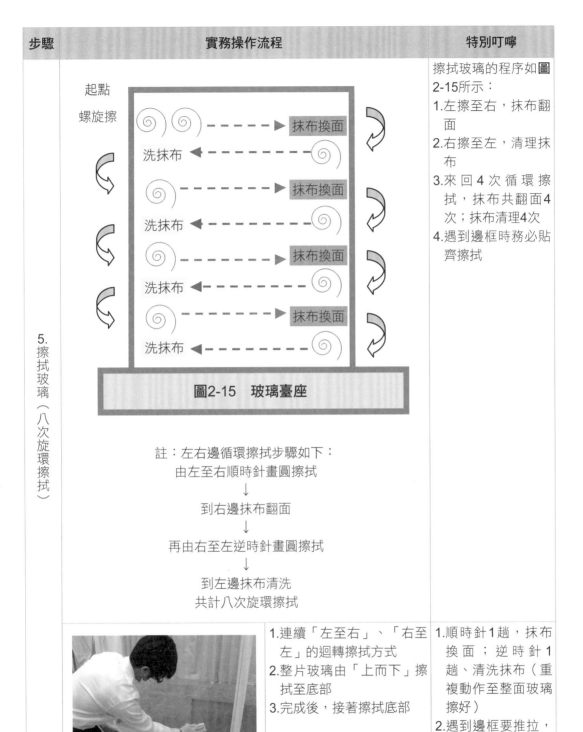 圖2-15　玻璃臺座 註：左右邊循環擦拭步驟如下： 由左至右順時針畫圓擦拭 ↓ 到右邊抹布翻面 ↓ 再由右至左逆時針畫圓擦拭 ↓ 到左邊抹布清洗 共計八次旋環擦拭	擦拭玻璃的程序如圖2-15所示： 1.左擦至右，抹布翻面 2.右擦至左，清理抹布 3.來回4次循環擦拭，抹布共翻面4次；抹布清理4次 4.遇到邊框時務必貼齊擦拭
	1.連續「左至右」、「右至左」的迴轉擦拭方式 2.整片玻璃由「上而下」擦拭至底部 3.完成後，接著擦拭底部	1.順時針1趟，抹布換面；逆時針1趟、清洗抹布（重複動作至整面玻璃擦好） 2.遇到邊框要推拉，框邊才會乾淨

步驟	實務操作流程		特別叮嚀
6. 準備玻璃刮刀		1.拿起玻璃刮刀，以食指壓住握把中心前端，其他手指則緊緊握住握柄 2.一手拿著抹布，一手使用刮刀 3.使用玻璃刮刀時，刮刀與玻璃成「90度」	只要拿刮刀，同時要拿著抹布
7. 玻璃窗分成六區	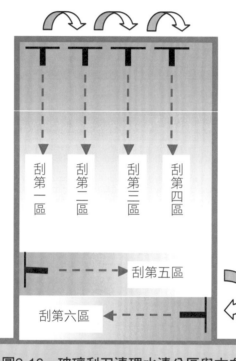 刮第一區　刮第二區　刮第三區　刮第四區 刮第五區 刮第六區 **圖2-16　玻璃刮刀清理水漬分區與方向** 註：詳細實務流程，請見**步驟8至步驟13**。		刮刀清理玻璃分成六個區域，如**圖2-16**所示： 1.注意玻璃清潔水漬順序與方向 2.隨便亂刮會遭扣分
8. 刮除第一區水漬		1.於**圖2-16**所示的「第一區」刮水漬： 刮刀橫放左上角，一次合成「由上往下」刮除水漬，並留下至距離邊框底部上方約「30公分」處區域做收尾	1.玻璃刮刀的拿法要正確 2.切勿重複刮玻璃表面

步驟	實務操作流程		特別叮嚀
8.刮除第一區水漬	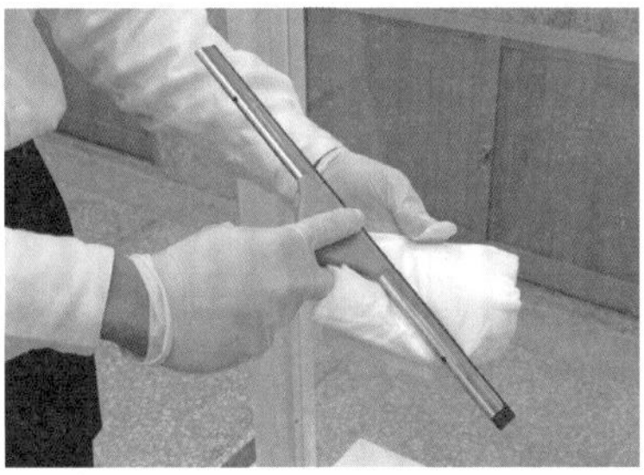	2.於圖2-16所示的「第一區」擦刮刀： 第一區刮下的水漬，在收尾處停，並以「乾抹布」擦拭刮刀黑色橡皮刀的水漬	1.每刮一次就用「乾抹布」擦去刮刀水漬 2.刮刀要擦乾，否則玻璃水分不易擦拭，玻璃有水滴會嚴重扣分
9.刮除第二區水漬		1.於圖2-16所示的「第二區」刮水漬： (1)刮刀橫放第二區左上角，一次合成「由上往下」刮除水漬，並留下至距離邊框底部上方約「30公分」處區域做收尾 (2)此時刮刀涵蓋第二區左半邊1/3區域一同刮下，會更乾淨	1.玻璃刮刀的拿法要正確 2.切勿重複刮玻璃表面
	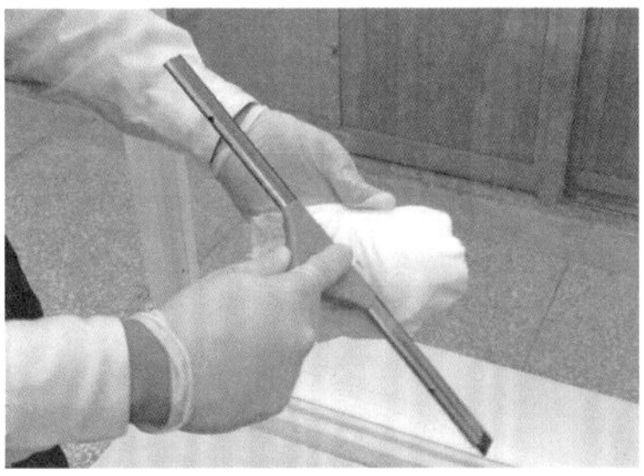	2.於圖2-16所示的「第二區」擦刮刀：第二區刮下的水漬，在收尾處停，並以「乾抹布」擦拭刮刀黑色橡皮刀的水漬	1.每刮一次就用「乾抹布」擦去刮刀水漬 2.刮刀要擦乾，否則玻璃水分不易擦拭，玻璃有水滴會嚴重扣分
10.刮除第三區水漬	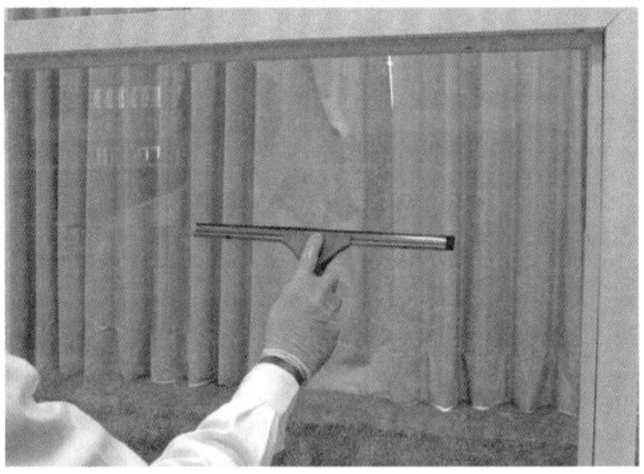	1.於圖2-16所示的「第三區」刮水漬： (1)刮刀橫放第二區左上角，一次合成「由上往下」刮除水漬，並留下至距離邊框底部上方約「30公分」處區域做收尾 (2)此時刮刀涵蓋第二區左半邊1/3區域一同刮下，會更乾淨	1.玻璃刮刀的拿法要正確 2.切勿重複刮玻璃表面

步驟	實務操作流程	特別叮嚀
10. 刮除第三區水漬	 2.於圖2-16所示的「第三區」擦刮刀： 第三區刮下的水漬，在收尾處停，並以「乾抹布」擦拭刮刀黑色橡皮刀的水漬	1.每刮一次就用「乾抹布」擦去刮刀水漬 2.刮刀要擦乾，否則玻璃水分不易擦拭，玻璃有水滴會嚴重扣分
11. 刮除第四區水漬	 1.於圖2-16所示的「第四區」刮水漬： (1)刮刀橫放第四區左上角，一次合成「由上往下」刮除水漬，並留下至距離邊框底部上方約「30公分」處區域做收尾 (2)此時刮刀涵蓋第三區左半邊1/3區域一同刮下，會更乾淨	1.玻璃刮刀的拿法要正確 2.切勿重複刮玻璃表面
	 2.於圖2-16所示的「第四區」擦刮刀： 第四區刮下的水漬，在收尾處停，並以「乾抹布」擦拭刮刀黑色橡皮刀的水漬	1.每刮一次就用「乾抹布」擦去刮刀水漬 2.刮刀要擦乾，否則玻璃水分不易擦拭，玻璃有水滴會嚴重扣分
12. 刮除第五區水漬	 1.於圖2-16所示的「第五區」刮水漬： 刮刀直放在第五區左下角上方距離約30公分，一次合成由「左往右」刮除水漬，至最右邊框區域	1.玻璃刮刀的拿法要正確 2.切勿重複刮玻璃表面
	 2.於圖2-16所示的「第五區」擦刮刀： 第五區刮下的水漬，在收尾處停止，並以「乾抹布」擦拭刮刀黑色橡皮刀的水漬	1.每刮一次就用「乾抹布」擦去刮刀水漬 2.刮刀要擦乾，否則玻璃水分不易擦拭，玻璃有水滴會嚴重扣分

步驟	實務操作流程		特別叮嚀
13. 刮除第六區水漬	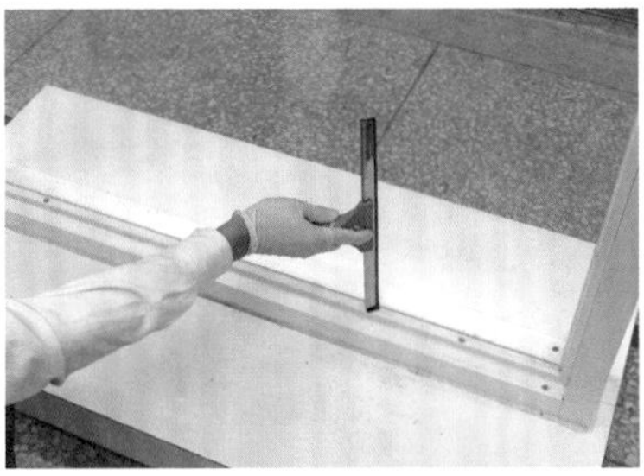	1.於**圖2-16**所示的「第六區」刮水漬： 刮刀直放在第六區右下角邊框最底部區域，一次合成由「右往左」刮除水漬，至最左邊框最底部區域	1.玻璃刮刀的拿法要正確 2.切勿重複刮玻璃表面
	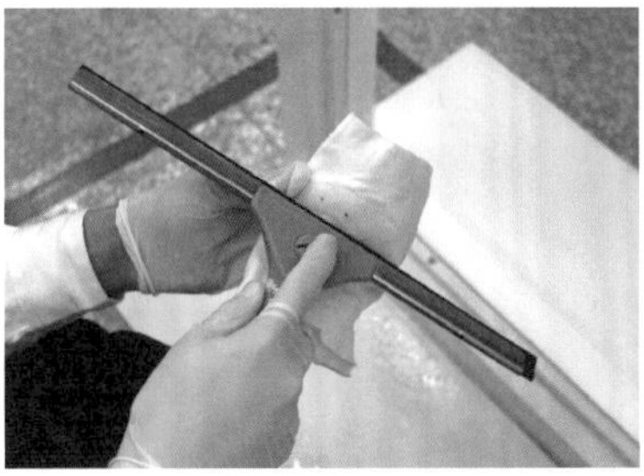	2.於**圖2-16**所示的「第六區」擦刮刀： (1)第五區刮下的水漬，在收尾處停，並以「乾抹布」擦拭刮刀黑色橡皮刀的水漬 (2)此時刮刀涵蓋第五區左半邊1/3區域一同刮下，會更乾淨	1.每刮一次就用「乾抹布」擦去刮刀水漬 2.一定要擦乾刮刀橡皮上的水，否則玻璃會刮不乾淨，嚴重扣分
14. 檢查玻璃清潔		1.檢查玻璃窗是否還有水漬污垢，再做部分刮除動作 2.若有髒污，再使用正確工具處理	後續整理與補強
15. 檢視整體清潔度	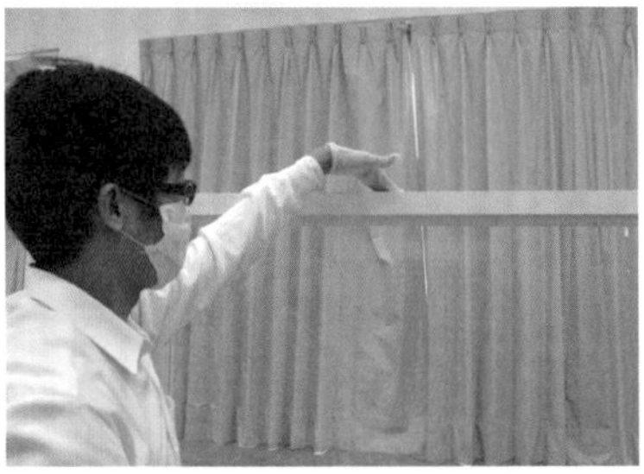	最後檢視整體邊框、臺座、底部、玻璃表面是否還有髒污	細微處清潔度檢視

(四)離崗檢查──歸位動作項目

步驟	實務操作流程	特別叮嚀
1. 倒水處理	1.最後將乾抹布和濕抹布清洗乾淨，並擰乾 2.將水桶內的水提去裝水區倒掉，然後直接將水桶歸位	水桶要請洗乾淨
2. 用具歸位	1.將所有用具：專用刮刀、玻璃刮刀、抹布、清潔撢子、玻璃清潔劑等，點收歸位，並依序放回用具架上 2.如考場使用不織布抹布，使用完抹布回收，請丟棄在「一般垃圾桶」內	1.抹布處理方式，請依考場為主 2.抹布提供分兩種：一為棉布抹布重複使用；二為不織布抹布，使用完後就丟棄
3. 丟棄手套與口罩	1.先丟棄清潔用手套在「塑膠垃圾桶」內 2.再丟棄口罩在「一般垃圾桶」內	注意先後順序
4. 等候評分	1.確認所有物品歸位 2.回到定位等待監評評分 3.保持微笑	保持禮貌至考試結束，以免被扣分

三、門市服務丙級技術士技能檢定術科測試／第三崗位：玻璃清潔評審總表

檢定日期：　　年　　月　　日（入場時間：　　時　　分，出場時間：　　時　　分）

准考證號碼	應檢人姓名	一、準備作業	二、玻璃框窗作業						三、離崗檢查	※加扣分項目							得分		
		1-1 用具選用是否正確	2-1 灰塵清潔	2-2 邊框、框角清潔	2-3 膠條及局部清除	2-4 清潔效果及整潔無水損			3-1 清理及用具歸位	準備工作及安全注意	工具正確使用及清理	淨水更換	邊角清潔及後續檢視			合計 (I)	I×0.35
		10	15	15	15	15			10	+5	+5	+5	+5				
		0	0	0	0	0			0	-5	-5	-5	-5				
評分註記 (不及格或特殊情況請註記原因)																備註：	
評分註記 (不及格或特殊情況請註記原因)																備註：	
評分註記 (不及格或特殊情況請註記原因)																備註：	
評分註記 (不及格或特殊情況請註記原因)																備註：	
評分說明 (不及格或特殊情況請註記原因)	清潔手套、口罩及用具選用正確性	撢子除灰塵	玻璃框及邊框角清潔	1.工具及方法正確性 2.整體清潔度	1.清潔順序 2.以乾淨抹布及擦拭			1.已清潔整理抹布、水桶、刮刀未留污穢 2.畚箕收集依序排放	1.戴手套、口罩 2.拖地方向及安全注意	1.使用安全劑刀清除證鐵 2.畚箕彙集垃圾	抹布及用具清理方式	1.細微處清潔度檢視及歸位 2.後續整理或補強			備註：	

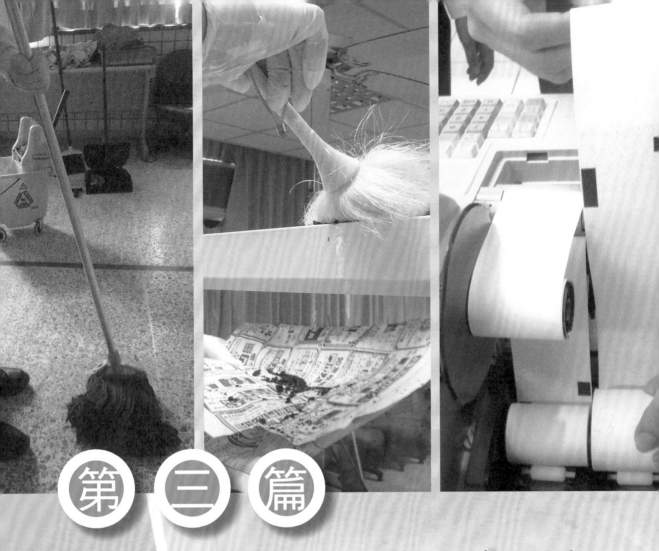

第三篇

學科理論彙整

工作項目 01 零售概論

零售是一種透過有形或無形的銷售行為，將製造者手上的商品、服務或資訊，經由各種方式或地點，提供給末端消費者達成交易的一種商業行為。

商業即買賣業，又稱**流通業**。商品於流通過程中，透過管理程序有效結合運輸、倉儲、裝卸、包裝、流通加工、資訊等相關物流機能性活動，創造價值、滿足顧客及社會的需求。而物流是一種活動，透過人才、資金、情報、技術等經營資源，將運輸、倉儲、裝卸、包裝、流通加工、資訊等個別的活動，予以統合化、效率化，以提高對顧客的服務品質。

商業依營業（服務）對象（銷售對象的不同）可分為批發業和零售業（如**圖3-1**）：

1. 批發業：指將商品大批發售予下游零售業、盤商等稱之。
2. 零售業（商）：指將是銷售商品給消費者並提供信用、包裝、送貨、修理、保證、退貨的服務。

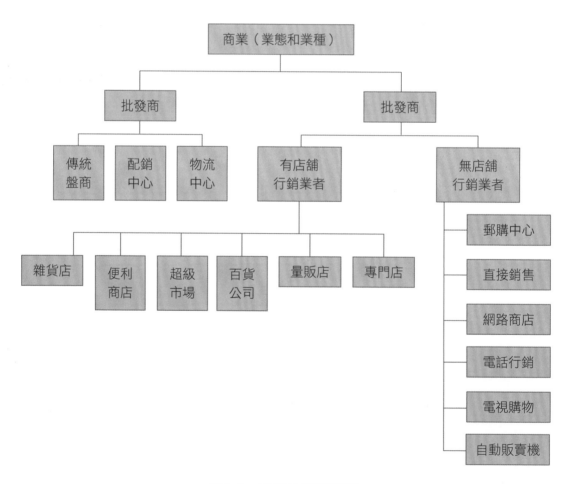

圖3-1　商業的經營型態

資料來源：蕭靜雅整理製作。

一、零售業的定義、分類與業態特色

(一)零售業的定義

國內對零售業的定義主要依據行政院主計處2001年頒訂之中華民國行業標準分類第七版，將零售業定義為：「凡從事以零售商品為主要業務之公司行號，如百貨公司、零售店、攤販、加油站、消費合作社等均屬之。」零售業依業態劃分為綜合商品零售業，業態是以商店的經營型態來劃分，此行業之特點是不以其銷售之主要商品歸類，如百貨公司、超級市場、便利商店、零售式量販店、購物中心等。

(二)零售業的分類

零售業型態的分類有：(1)有店舖銷售、無店舖銷售；(2)面對面銷售、自助式銷售；(3)綜合零售、專賣零售。目前零售業結構出現以經營型態為分類依據的業態分為：店舖所有權經營型態和無店舖經營型態。

1. 店舖所有權經營型態：有店面業係指零售業者設置店面，透過人員直接銷售商品給顧客的經營型態。如便利商店、超級市場、量販店、專賣店、百貨公司、商店街、商城、賣場、購物中心等。其中購物中心又涵蓋專賣店和連鎖商店等，可以讓消費者一次購足。
2. 無店舖經營型態：「無店舖經營」模式的其中一種行銷方式，亦是現今商業市場上主要經營方式之一。依其銷售媒介不同，主要分為：
   (1) 自動販賣機：以機器取代人力的一種銷售方式，可不必聘用售貨員，節省工資、降低成本，同時顧客可以隨時購買商品。
   (2) 郵購：印製產品型錄寄給顧客，顧客挑選商品後將訂單寄回供應商即可購買所需商品。
   (3) 網路商店：網際網路的普及，造就了無店舖的網路商店經營模式，顧客可以隨時瀏覽及選購商品，除不受地理區域限制外，尚提供公開透明的產品議價資訊。
   (4) 電視購物：屬於通信購物的一種，商品資訊經由有線電視系統傳送，透過有線電視觀看商品資訊，再以電話進行零售交易。
   (5) 直銷：直接於顧客家中、工作地點或零售商店以外的場所進行商品銷售，通常是由直銷人員當場對產品或服務做詳細說明或示範。
   (6) 攤販：指建築物或公民營市場的營業場所外，以攤位銷售貨物者。

(三)零售業的業態特色

國內對於零售業態的分類方式主要是透過提供商品以滿足消費者。依經營販賣的型

態（商品與經營型態的不同）分為業種與業態：

1. 業種（kind of business）：**係指以該業態所銷售的商品為中心而畫分的行業**。行業的種類，是「依照所販賣商品的種類」來劃分不同的零售行業，就是所謂的「**業種**」，基本上是一種**銷售概念**，例如食品店、服飾店、家具店、鐘錶店等等。
2. 業態（type of operations）：**係指以經營型態或方式為中心而畫分的行業**。行業的型態，是「依照所經營型態的方式」來區分不同的零售經營型態，如超商、超市、量販店、專賣店、百貨公司等。

(四)零售業的經營特色

零售業依連鎖經營體系所有權的集中程度，可分為獨立商店、直營連鎖與加盟連鎖，依發起者不同又可將加盟連鎖分為委託加盟連鎖、特許加盟連鎖及自願加盟連鎖和其他型態。

1. 獨立商店：獨立商店規模較小，自主性較高、營運的投資成本低、提供個人化的商品或服務。
2. 直營連鎖：是指由總公司出資開設分店，經營權完全歸屬於連鎖總部，包括商標、商品、經營模式、管理制度、標準作業程序、分店外觀與促銷活動等都由總公司設計與制定。
3. 委託加盟連鎖：是指總部提供加盟者店面、生財器具、設備、商品、技術、店面裝潢費用等，加盟店給付總部加盟金或權利金，並提供保證金或擔保品為合作條件，雙方依事前協議或合約議定的比率分享利潤，加盟店自行負擔門市管銷費用，但經營管理上與直營店相同。
4. 特許加盟連鎖：總部指導傳授加盟店各項經營管理技能及知識，並收取一定比例的權利金及指導費，此種契約關係為特許加盟連鎖。
5. 自願加盟連鎖：是指加盟店向連鎖總部繳付加盟金取得加盟權利，由總部授權使用商標及企業識別系統，並接受供貨、商品管理、作業流程及營運管理等輔導，店面營運與日常作業、人員招募及經營損益則由加盟店自行負責。

(五)連鎖業的特性

連鎖店體系的經營特徵為，借資訊作業系統及品牌識別系統來擴大經營規模並降低其經營成本，在管理上具有共同特性，即簡單化、標準化及專業化（稱之為「3S」特性）：

1. 簡單化（simplification）：門市作業透過資訊自動化系統，簡化現場作業流程。
2. 標準化（standardization）：透過標準化作業手冊簡化作業複雜度。
3. 專業化（specialization）：集中門市的專業部分作業，透過資訊系統集中由專業部門來完成，而現場人員只需依規定確實執行現場作業程序。

二、零售管理功能和意義

零售管理（retail management）是指為了克服交易的障礙來增加價值，零售商所使用的各種不同方法及商業活動，提供多樣化的產品。主要範疇在**採購、儲存、銷售、提供顧客服務和增加產品與服務的價值**。其主要經營管理活動範圍包括四流：商流管理、物流管理、金流管理、資訊流管理。依活動範圍有時涵蓋人力管理：

1.商流管理：即商流，商品的引進、淘汰及所有權移轉的過程等活動。

2.物流管理：即物流，物品流通的選擇及規劃。

3.金流管理：即金流，現金的收支管理、資金的調度和流通等管理。

4.資訊流管理：即資訊流，商品或服務在移轉的過程中所產生的銷售點情報系統、資訊的流通與交易平臺管理及運用。

三、零售業的行銷通路

零售業在行銷體系上，屬於最後一個銷售階段。行銷學的焦點已經從過去的大眾行銷逐漸轉向注重顧客關係的**關係行銷**，目的在提升顧客的忠誠度及滿意度。依行銷方式分為：

1.直接行銷：不透過行銷媒體或零售店，而是直接透過客戶管道，提供商品或服務。即製造商（生產者）不透過任何中間商，直接將商品販售給最終消費者。如採取下列「自有通路」方式銷售：

    (1)單層次行銷：透過業務人員（銷售人員）銷售商品。

    (2)多層次行銷：透過直銷商（直銷人員、傳銷商、傳銷人）銷售商品，又稱直接銷售，多採一對一的銷售方式。

    (3)直效行銷：如型錄、郵購、電視購物（電視行銷）、電話購物（電話行銷）、網路商店（網路行銷）。

2.間接行銷：透過中間通路、中間商人銷售。如**零售商**為銷售通路中的最後階段，如**圖3-2**所示。

所謂服務行銷是以服務為手段，再經由行銷的過程達成滿足顧客需要的結果。服務是行銷中最重要的一環。服務具有無形性、易變性、易逝性、不可分離等特性，比起有形產品的行銷更具有挑戰性。服務行銷特別講究服務人員與顧客的互動，這些服務都和顧客直接接觸，最容易感動顧客，也是最容易爭取顧客再度惠顧的機會點：

1.面對面銷售（面銷、專業服務）：如百貨公司之專櫃、專賣店、購物中心。**面銷**（face-to-face selling）是指門市服務人員利用公司的有限資源，直接與顧客做面對面的銷售方式。**面對面銷售**是即時性、人性化的溝通方式，也是直銷中最基本的動作，包括面銷前的準備、面銷時機、面銷技巧等。

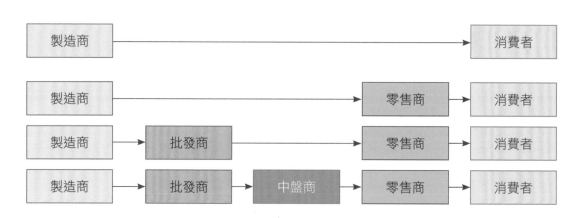

圖3-2 間接行銷通路

資料來源：蕭靜雅整理製作。

2.自助（式）銷售（自助服務）：便利商店、超市、量販店、自動販賣機。

四、零售管理趨勢

未來零售業的經營事務機能，須進一步整合其他產業資源及強化全方位服務機能，以提高經營績效。零售業的發展趨勢如下：

1.連鎖化：零售業透過連鎖化的進行，可迅速擴張規模，建立廠商的品牌知名度，並可擴大商品和設備的採購規模，共同採購掌握議價籌碼，降低進貨成本，發揮規模經濟的好處。

2.異業結盟：零售業的存在本來就是為了滿足消費者的日常生活所需，未來零售產業的發展將與消費者的生活更趨緊密結合，除了提供商品銷售和加值服務外，必須進行異業結合。

3.同業結盟：與同業合作。如大買家、亞太量販店、大潤發的共同採購。

4.整合行銷：零售市場競爭激烈，為達到規模經濟與範疇經濟，將朝向垂直與水平整合的趨勢發展。垂直整合是指上游生產商、批發商與下游零售商的整合；水平整合是指同業態之間透過多角化進行整合或是企業透過連鎖方式占有市場，可能包括同業間的整合或異業間的整合。

5.e化行銷：隨著網際網路的普遍運用與電子商務技術的日趨成熟，許多零售業及服務業者均積極發展電子商務的營運，其競爭優勢為提升顧客忠誠度、增加銷售營業額、精簡成本。

6.關係行銷：關係行銷係指在門市或賣場內，利用廣告、招牌、裝潢及門市陳列等行銷活動，與目標顧客進行溝通，以提升門市知名度及品牌認同，並增加銷售量，這些都是門市關係行銷的範疇。

7.綠色行銷：公司在設計、生產、包裝時，降低商品不利於環境保護的因素，並強

調以建立環保為訴求的服務導向，進而引導消費者加入綠色消費的行銷方式。

8.自有品牌：在市場要凸顯產品或服務的特色，企業會自創品牌達到差異化及辨識的效果。

工作項目 02 門市行政

店長必須以管理功能（規劃、組織、領導、控制等）來執行各項門市營運作業（商品、賣場、顧客、商圈、銷售、人事、財務及資訊等），並達成「管理四用」的目標：用愛心善待同仁、用績效評核能力、用紀律領導團隊、用同理心服務顧客。

一、門市日常作業重點

(一)門市四大工作內容

門市行政的範疇為交班、清潔和人員招募。依據業態不同，每個行業設計的門市行政流程，在內容上有其差異，但其基本流程都一樣。門市每天、每週、每月、每季及年度的工作內容繁雜且不斷增加，為了確保門市日常的例行性工作運作得宜，所屬員工應對每天工作內容有充分的了解。

門市分為下列四大工作站：

1.門市外場：是指騎樓走廊與店門前的行人步行區，可利用動態或靜態的方式吸引顧客入店消費。
2.門市收銀：是指一般以櫃檯或吧檯的形式呈現，提供顧客結帳、收銀、找替與包裝的服務。
3.門市前場：是指店內陳列、展示商品，提供顧客用餐或服務的區域
4.門市後場：是指店內辦公、倉儲、作業或料理區域，是員工作業與活動的空間。

(二)門市一天的主要工作內容

門市一天的主要工作	內容
開店前的店務準備工作	1.店面整理、清潔 2.人員和工作表的確認 3.精神話術演練或每天事項檢視提醒
商品上櫃必須遵循的原則	1.主流商品和品牌定位必須齊全、符合，並滿足每個層次顧客的需求 2.促銷商品不能多，只能起到「推波助瀾」的作用 3.促銷商品在各個商場、賣場應有所不同，須能快速處理促銷類型，又能滿足商家「獨家經銷」的要求

門市一天的主要工作	內容
門市（賣場）的作業流程	1.召集人員，宣布販促活動、流行資訊 2.整理分類商品，注意商品陳列位置 3.盤點商品，繳交銷貨憑單
門市（賣場）的管理者在營業時間應做的事項	1.檢查並維護環境的整潔 2.注意賣場道具、裝潢設備是否易發生危險 3.陳列包裝的檢視 4.處理顧客意見
商店賣場空間活化的做法	1.運用色彩和照明突顯賣場的個性 2.藉由音響效果提升賣場形象 3.招牌設計統一，表現出賣場整體一致感
食材與物品定位定量的目的	1.讓店內環境能較為整齊與乾淨 2.讓店內的工作流程更為順暢 3.新進員工對工作環境能早日進入狀況
顧客「意見卡」的，處理的程序	1.讓顧客了解狀況 2.安撫顧客情緒 3.與相關單位聯絡並討論解決方案 4.告知顧客處理方式

資料來源：蕭靜雅整理製作。

(三)門市作業相關重點

對於門市日常例行性工作、店長職掌及員工工作內容均應有充分的了解。門市人員每日的工作流程大致可說明如下：

1.上班前工作事項：
  (1)準備所需用品，如筆、釘書機、零用金、抹布、驗鈔筆、膠帶、發票等。
  (2)檢視日誌中的當日特價商品、促銷活動等。
  (3)檢查收銀機價格檔是否正確。
  (4)輸入個人密碼進入收銀作業狀態。
  (5)核對發票序號是否正確。
  (6)將零用金依序放入錢櫃，排放妥當。
  (7)準備好購物袋，且保持四周環境清潔。
  (8)整理個人服裝儀容，如確認制服、識別名牌等。
2.上班中工作事項：
  (1)確保結帳的正確性。
  (2)檢查客戶全部商品是否均已放置在收銀臺。
  (3)結帳商品要邊刷條碼邊看螢幕，並核對商品及複誦。
  (4)結帳避免多刷、漏刷或掃描錯商品。
  (5)結帳大排長龍時應請求主管協助。

(6)收銀機內現金過多時應請主管收取投庫。

(7)隨時注意商品的流動狀況。

(8)隨時維持店內外的清潔狀況。

3.下班時工作事項：

(1)應仔細檢查收齊收銀機內所有現金與相關單據。

(2)詳填「現金明細表」並確實清機點收現金。

(3)進行投庫作業。

(4)營業結束時，應將收銀機抽屜拉開，以免竊賊入侵時破壞收銀機。

(5)整理顧客退貨商品。

二、門市人員管理

　　人力資源管理是僱用、訓練、考核及酬償員工的過程，且需重視勞工關係、保健與安全及相關的公平事務。人力資源的成本在零售業中占有極大的比例，零售業對人力資源的運用經常來自於顧客對產品或服務的需求。以預估營業額作為基礎，門市管理者可試著估計要達成該項收入所需的人力資源的人數及組合。門市營業會有離峰及尖峰時段，為降低門市成本，人事上必須安排部分**全職人員**及部分**兼職人員**。

(一)招募作業

　　人員招募（recruitment）為企業在面對人力需求時，經由各種內部或外部的媒介，吸引一些有意願又有能力的人前來應徵的活動。招募的最低法定年齡需年滿15歲。公司組織在招募人員方面通常以**獎酬制度**、**生涯發展機會**和**組織名聲**進行誘招。招募的管道就零售業而言大致有以下幾種管道：

1.刊登報紙廣告。
2.店頭徵人海報。
3.雜誌徵人廣告。
4.校園求才說明會。
5.透過人力仲介公司。
6.促銷宣傳單上的徵人訊息。
7.透過公司形象網站發布徵人訊息。
8.參與政府機關所舉辦的聯合徵才活動。

(二)甄選流程

　　人員甄選應建立甄選標準、審查應徵者資料、查核背景資料和發展未來人力。通常應包括下列流程：

1. 條件審查：應徵者資料的篩選，包括履歷表、職位申請表、推薦函、應徵函、自傳、畢業證書、學校成績單、身體健康檢查表。其他相關證照廣加蒐集並加以分析。

2. 筆試測驗：如一般語文能力測驗、專業知識測驗、智力測驗、心理測驗和實作測驗等等。

3. 性向測驗：增加導入適性檢查以進行多角考選。

4. 面試通知：面試有「個人面試」及「集體面試」兩種。

5. 錄用面談：錄用面談是錄用與否的決定性階段，也是門市人員遴選的最後步驟。

(三)職位分析

門市人力控制的重點是合理的人力成本與服務水準的維持。透過工作分析（job analysis）提供一個可依循的程序，用來決定每個職位的職責，與擔任該職位人員所需具備的特性。門市職位管理制度須製作提供工作需求的相關資訊，然後利用這些資訊來擬定**職務說明書**（job descriptions）與**工作排程表**（job specifications）：

1. 職務說明書：為工作內容的細節，載明**組織中的關係、基本條件要求、功能職掌**。

2. 工作排程表：是指僱用何種人才來執行該工作。職務可透過輪值表排班作業，使門市營運更加流暢，最主要是可以**降低人事費用支出**。

(四)福利制度

所謂**福利**（benefits），係指繼續為企業服務的員工所獲得來自企業之所有非直接金錢上的給付而言。一般而言，員工福利可為保險福利、補助性給付福利、退休福利、員工服務性福利。

(五)教育訓練

訓練（training）為一種改善員工從事某項工作技術與能力的一系列連續不斷的活動所組成的過程，目的在於加強員工工作能力、提高員工工作意願及激發員工的工作潛能。教育訓練著重於個人工作、人際溝通與問題解決技能，訓練對象則包括管理人員、基層人員及兼職人員（Part Time, PT）。

門市高階主管的教育訓練以**教育與發展**為重；門市基層人員的教育訓練以**訓練**為重；而訓練的步驟分為**解說、示範、試做**。員工訓練方法分為**實習訓練、職前訓練、在職訓練**與**工作場所以外的訓練**四種：

1. **實習訓練**（apprentice training）：實習訓練的目的在讓員工了解工作規則與流程，並應用在實際工作上。

2.職前訓練（vestibule training）：職前訓練是指受訓人員在正式工作前所受的訓練，乃是將訓練場所模擬成實際的工作場所。

3.在職訓練（On the Job Training, OJT）：所謂**OJT**是指由直屬上司直接對部屬實施個別業務的指導，或知識、技能的傳授，讓一個人以實際執行工作的方式來學習工作。大致上在職訓練較為實際而不抽象，這樣可以激發員工的學習動機，可促進主管和部屬間的和諧關係。

4.工作外訓練（Off-the-Job Training, Off-JT）：工作外訓練是指職務外或離開工作單位的訓練，就是由專門人員負責之所有在職訓練以外的教育訓練；包括的訓練是舉辦定期的或不定期的講習會、演講等均屬之。

(六)教育訓練的評估

門市教育訓練評估的目的，在評斷訓練方案是否有效達成預定目標，做有系統的調查、分析與檢討，以作為日後改進的參考。訓練評估分為四個層次進行評估：

1.反應評估：是指評估受訓者對訓練計畫與辦理的意見或態度反應。

2.學習評估：受訓者滿意並不保證受訓者的學習效果，故有必要進行學習評估。

3.行為改善：指評估受訓者將訓練所學的知能實際運用於正式工作場所的行為。

4.績效評核：指實施教育訓練後的成果評估。

(七)教育訓練的原則

卡式管理意指在形容門市人員訓練需像「卡帶」一樣，不斷重複撥放，如同學習。門市教育訓練的意義主要在**訓練**、**教育**和**發展**。員工訓練所具備的功能包括：**傳授工作經驗、提升工作能力、培養員工的知識與素養、培養員工積極的工作態度**。

(八)績效考核

績效考核是人力資源管理中相當重要的環節，績效考核強調員工實際工作的表現，並與員工遴選、員工訓練等可相互沿用。

績效考核的目的如下：

1.績效考核的結果可使員工了解自己本身工作的優點與缺點，作為工作改善的基礎。

2.績效考核可作為員工薪資調整的標準，通常可用來作為組織內部薪資調整的準則。

3.績效考核可作為員工調遷的依據，提供管理者客觀的資訊，協助人力資源管理部門，以作為員工調遷的依據。

4.績效考核的結果可藉由員工訓練來彌補或改進員工的工作缺點，和作為員工訓練安排的重要參考資料，使員工樂於接受訓練，勇於改善工作缺點。

三、門市營運管理

門市利用年度營業毛利、費用及收入預算與實際統計表等的分析與評估，作為下年度經營管理的指標。下列為營運指標參考說明：

1. 營運績效指標：商品迴轉率。
2. 商店收益性經營指標：稅前淨利率、毛利率、投資報酬率。
3. 「來客數」指標：凡進店有交易的客數都叫來客數。
4. 短期償債能力比率：即反映償還短期債務能力比率、短期負債取決於流動負債的數額、流動比率、速動比率等。
5. 營業報表內容：從營業報表中可以呈現的指標有：單一品項產品銷售排行榜、每日各個不同時段的銷售業績、平日假日銷售業績差異、每月每季銷售業績，及與上個月營業額相較的差異等。
6. 單店投資分析指標：如設備投資、人員及管銷費用、損益均衡點、投資回收報酬預估。
7. 經營效率評估：經營效率評估的計算方式有：
   (1) 商品周轉率：即商品迴轉率＝營業額÷平均存貨×100%。
   (2) 來客單價：客人進入商店的平均消費總額。
   (3) 坪效：坪效（每坪營業額）＝營業額÷賣場面積。
   (4) 人效：人效（每人營業額）＝毛利÷從業員工數。
8. 門市利潤：門市利潤的計算方式有：
   (1) 利潤計算方式一＝客單價×客單數×平均毛利率－經營費用。
   (2) 利潤計算方式二＝坪效×坪數×平均毛利率－經營費用。
   (3) 利潤計算方式三＝人效×人數×平均毛利率－經營費用。

四、門市經營管理

1. 服務的概念：
   (1) 正確的服務態度是迅速確實的身體語言、不逃避問題且態度積極，使用開朗、友善及祥和的聲調。
   (2) 主動服務顧客的技巧是不用等到顧客要求，就準備好下一個服務步驟，並藉由辨識顧客服務訊息，做出正確適當的回應，隨時找尋服務顧客的機會，不可不斷的督促顧客購買商品。
   (3) 高品質的服務是第一線人員要有良好的態度、注意與顧客的互動、親切有禮的優質服務。
   (4) 當顧客透過「意見卡」的方式來表達不滿時，處理的程序是先了解顧客狀況、安撫顧客情緒，與相關單位聯絡並討論解決方式，最後告知顧客處理方式。

(5)專業的服務必須制定標準化的服務程序，搭配感同身受的同理心和堅持服務品質的正確性與一致性。

2.賣場管理：

(1)賣場的管理者在營業時間應做的事項包括：檢查並維護環境的整潔、注意賣場道具、裝潢設備是否易發生危險、陳列包裝的檢視、處理顧客意見。

(2)賣場的作業流程主要為召集人員，宣布販促活動、流行資訊、整理分類商品、注意商品陳列位置和盤點商品、繳交銷貨憑單。

(3)庫存管理主要要求存量與訂貨次數的均衡，對提高生產力或提高銷貨利益有所幫助，保持適當的存量。

(4)防止商品耗損的方法，將盤點作業制度化，建立完整單品管理，並給予從業人員教育訓練。

(5)商品上櫃組合的原則應該主次分明，重點突出。

(6)商店賣場空間活化的做法，可運用色彩和照明突顯賣場的個性，藉由音響效果提升賣場形象，各部門招牌設計統一，表現出賣場整體的一致感。

3.促銷管理：一般促銷活動主要目的為吸引顧客、增加銷售量和提升品牌知名度。要使促銷成功，必須要使活動**具刺激力**功能，才能提高目標物件參與意願及促進銷售成效。促銷活動的主要目的是**吸引顧客**、**增加銷售量和提升品牌知名度**。而促銷的商品或具有價格優勢的商品，應以**量感陳列**的方式促銷。促銷活動的方法，包括降價促銷、有獎促銷、折扣優惠、競賽促銷、樣品試用促銷、折扣券促銷、贈品促銷、展覽和聯合展銷促銷等等。

五、銷售點資訊系統

銷售點資訊系統（Point of Sales, POS）是一種廣泛應用在零售業、餐飲業等行業的電子系統，主要功能在於統計商品的銷售、庫存與顧客購買行為。業者可以透過此系統有效提升經營效率，可以說是現代零售業界經營上不可或缺的必要工具。

門市管理可經由POS 系統提供營業額、來客數、商圈情報等資訊，作為降低成本的依據。目前門市大多採用POS系統，提供及分析各種營運相關資訊，以供管理當局制定工作計畫與決策的參考。

工作項目 03 門市清潔

一、門市清潔範圍及環境

門市環境的清潔範圍，包括門面的清潔、賣場及辦公室和門市環境及四周。門市內

外及周圍環境的清潔是門市每天營業極為重要的工作。清潔範圍包括內部環境清潔和外部環境清潔兩部分：

1. 內部環境清潔：諸如走道、地板、牆壁、天花板、陳列貨架、標示板等，都要注意不要有垃圾、紙屑、灰塵、污損或污穢物；以及櫃檯區整齊（無私人雜物）、冰箱底層清潔、貨架商品清潔、倉庫物品擺設整齊等。
2. 外部環境清潔：門市外的清潔範圍包括招牌燈按時開啟、牆柱勿貼小廣告、垃圾桶不可溢出、走廊清潔、櫥窗玻璃、鐵框清潔、海報張貼適當處及排水管理，還有店舖周圍200公尺內的清潔等都須注意。

門市清潔工作最重要的是不得干擾顧客，並創造出好的舒適門市環境。

二、門市清潔的各項作業

店面清潔是門市最重要的工作，必須訂定重點清潔工作。門市清潔工作除了一般的清潔工作外，應注意**不干擾顧客**、熟練清潔方法、擬定清潔計畫、輪派專人負責、制定清潔標準、清掃工具定位、運用清潔手法、落實績效評估、設立檢查紀錄表等，徹底做好清潔，永保門面光鮮亮麗。

清潔方式（手法）共有七項：即**擦拭、掃除、吸取、拍打、剝取、洗淨、刮除**。

三、門市清潔的5S管理

5S管理是由日本企業研究出來的一種環境塑造方案，藉由教育員工產生執行共識，達到整理（seiri）、整頓（seition）、清掃（seiso）、清潔（seiketsu）及素養（shitsuke）五種行為，來創造清潔、明朗、活潑化的環境，以提高效率、品質及顧客滿意度。

1. 整理（seiri）：平時有定位、歸位的概念，區分要用與不要用二者，不要用者處理掉，以易於管理。
2. 整頓（seiton）：有需要的定出位置，時常清理、注意標識，整理後安排成為有循序的狀態。
3. 清掃（seiso）：不要用的清掃乾淨，保持機器及工作環境的乾淨，定期清理與維護。
4. 清潔（setketsu）：保養維持整理、整頓、清掃的成果；時時保持美觀，延伸至個人本身給人的整齊、清潔的觀感，持續執行上述三個步驟。
5. 教養（shitsuke）：設立目標、建立自律，養成從事5S的習慣，培訓員工養成良好的工作習慣。

四、門市清潔程序安排及後續作業

門市清潔工作的主要目的是**創造舒適的購物環境**：

1. 店內設備完好率的保持、設備出現故障的修理與更換、冷凍櫃、冷藏櫃、收銀機等主力設備的維護等。
2. 店鋪外場與內場的環境衛生。一般按區域安排責任人，由店長檢查落實。
3. 在營業結束後，店長應對店內的封閉情況、保安人員的到位情況、消防設施擺放情況等主要環節做最後的核實，確保安全保安工作萬無一失。

工作項目 04 商品處理作業

一、商品知識建立

商品是門市最直接獲利的來源，有效的商品規劃與管理活動是提升門市的營運績效及顧客滿意的最佳方法。門市商品分為：(1)有形商品：有實際形體，可看見、可觸摸、可聽聞；和(2)無形商品：無實際形體，看不見、摸不著、聽聞不到，如服務是無形的商品。商品規劃是依據業種販賣的商品種類來區分，以及業態消費生活型式建構商品組合的型態。一般商品組合依分類、型號、款式、價格及色彩等因素，配置可運用的商品組合。

(一)商品種類的認識

門市運用商品的種類及分類，主要是將商品特色介紹給消費者認識，商品經過分類配置後，除了加深消費者對商品的深刻印象外，更能促進選購，降低門市的商品管理費用。

(二)門市商品管理

商品是零售業的生命，做好商品管理是門市經營的重點。門市商品管理方式是新商品的導入、平時商品的整理、滯銷品的消除。其注意重點如下：

1. 暢銷品的掌握：包括如何將大分類（依商品的特性區別）、中分類（依商品的功能或用途、製造加工方法、產地來源等順序區別分類）、小分類（依商品尺寸、規格、包裝、型態、成分等標準加以細分）和明星商品群做有系統的分析。暢銷品的貨量必須充足，需有安全庫存，以備可能出現的大量購買客群。
2. 平時商品管理：訴求顧客平時所需求的重點商品，維持並增強平時商品銷售力，利潤必須符合門市的整體要求。平時商品的貨量應保持貨架豐富感，以不缺貨為

原則。

3. 滯銷品的管理：滯銷品不僅影響賣場的商品流通，更使庫存積壓，同時降低商品的品質和鮮度，如何有效處理滯銷品，不要成為過期商品或舊商品，門市人員如何有技巧性的利用促銷方法來處理滯銷品是很重要的。

(三)商品品質概念

商品品質保證是滿足顧客需求的產品與服務，透過門市日常對商品品質管理，共同維持穩定的商品品質的觀念。所銷售的商品不僅須能符合顧客需求，若於販售期間，商品有儲存、品質、價格等問題時，門市亦應立即處理：

1. 確保商品沒有過期的疑慮：每日檢查商品期限、落實儲藏溫度檢查、結帳時順便檢查有效期限。

2. 確保商品品質：如溫罐器內的飲料已放置超過48小時，取出後不可再放入冷藏冰箱，以免變質。

3. 商品要遵守先進先出的原則：將商品依有效期限長短依序排列，如洗髮精＞罐頭食品＞易開罐果汁＞餅乾＞洗選蛋。

4. 商品正確標價方式：如圖示：

製造日期：上面

標價：右下角

二、商品進貨、驗收、退貨管理作業

商品進退貨管理，主要是針對商品的訂購、商品變價、報廢、退貨及盤存等等，其正確性和時效性決定了門市商品庫存量是否能夠正確的管制存量，有效提高商品迴轉率的次數，是門市經營成功的關鍵。

(一)商品訂貨與進貨管理

商品管理是基於進貨紀錄制定訂貨計畫。訂貨以不缺貨為原則，訂貨管理最重要的目標就是有效加快訂貨流程，減少缺貨率、降低庫存量，其正確及時效性是門市經營成功與否的關鍵。

門市必須掌控進、訂貨作業的效率，其訂貨方法應包括商品訂貨管制、商品安全庫存量、商品類別訂貨週期表、廠商類別訂貨簿、廠商配送週期表及訂貨方式等。而存貨控制的方法包含刪除及新商品管理、運用報表分析、倉庫商品管理。

(二)商品驗收作業

凡商品進入倉庫儲存，必須經過檢查驗收，只有驗收後的商品，方可入庫保管。商品驗收的目的，主要在確認實際進貨的商品名稱、規格、數量、品質、日期、標示和外觀包裝等是否無誤，以及其他有關驗收業務的處理事項。

(三)商品退貨作業

退貨是指當商品已經銷售結帳後，顧客對商品有異議或發現商品屬於賣方責任的瑕疵部分，而將商品退回門市的手續，為「商品退貨作業」。商品退回發生的原因主要是顧客發現所購買的商品的規格、品質、價格，或保存期限等有問題，而與實際要求不符合時，提出的退貨或換貨的要求。

三、商品理貨與報廢處理

(一)商品理貨

商品理貨作業是出貨最主要的前置活動，門市人員根據理貨單上的內容說明，進行進貨、點收、移庫、陳列、退貨等作業工作，按照進出貨優先順序、儲位區域庫別、先進先出等方法與原則，將商品整理出來。理貨人員除陳列商品之外，必須注意商品有沒有標示、分類、破損或污損。如發現商品不符合質量要求，接收單位可提出退貨申請；商品在搬運過程中造成產品包裝破損或污染，或商品並非訂單所要求的商品，如商品條碼、品項、規格、重量、數量等與訂單不符時，理貨人員亦得依規定進行退貨。

(二)報廢處理

賣場因訂貨作業不良產生進貨過多或保存不當（如壓損、保存溫度不符），導致商品損壞不堪使用或食用商品過期所產生的問題。依報廢處理流程，確認商品為不合格之壞品後，應即刻清點與分類整理，此須由負責人員紀錄，並於統計後集中保管核定報廢。

四、商品補貨

欠品意指陳列架上的商品無法滿足消費者購買的慾望。**商品補貨**是指店內賣場的陳列架上商品貨量缺貨不足，由庫存區或進貨區將商品補上，以利銷售，增加營業額的行為動作。

商品補貨時須依照既定的陳列位置，定時或不定時地補充貨架上的商品，為便利顧客尋找、比較及選擇合適的商品。補貨時機以交班前後、貨架商品缺少、離峰時段為度，並落實先進先出原則等進行補貨動作。

1. 補貨上架的原則：
  (1)補貨時，依照商品卡位置擺放商品，不可出現空排面，做好補貨管理。
  (2)補貨時，補充的新貨應放置於後段，原貨放於前段，做好先進先出及前進陳列原則。
  (3)商品前進陳列通常為離峰時間補貨時進行，把貨架上的商品往前推，並將商品正面排放朝前。
  (4)商品週轉率高及貨架上已經缺貨的商品優先補貨。
  (5)當商品賣完而無貨可補時，則以鄰近商品做拉補排面動作。
2. 補貨作業的功能：
  (1)使商品充足、明顯表示。
  (2)瞭解存量及缺貨情形。
  (3)熟悉商品特性。
  (4)瞭解商品銷售狀況、損壞情形、商品週期性。

五、存貨管理

存貨管理是所有的零售業均須嚴密控制的要項，調整適當庫存對賣場營運會有進可攻、退可守的功效。過多的存貨會產生高額的商品成本甚至加上腐壞的成本，而太少的存貨往往造成商品短缺及顧客流失等成本，如何以最完善的存貨管理，設立存貨控制的標準，保持最適當的供應量，提供顧客滿意的服務是相當重要的。

滯銷商品是指堆積在庫房裡賣不出去的商品，主要是賣場空間和經營品項有限，每導入一項新商品，相應地要淘汰一項滯銷商品，滯銷商品是賣場經營的致命傷，直接侵襲賣場的經營效益。滯銷品的有效選擇和及時處理，已成為賣場商品管理的重要項目。

六、商品陳列

商品陳列的優劣取決於顧客對門市的第一印象。商品陳列的目的，是增進門市的美感、營造門市氣氛、存放商品、美化環境、提升賣場氣氛和創造舒適的環境；另外，要能有效防止因缺貨、斷貨或品項不齊而喪失應有的交易機會。並利用一切可利用的賣場空間，擴大經營面積，吸引顧客對商品的注意及購買慾，進一步刺激消費達到誘導顧客購買的方式。而收銀臺附近擺放糖果、電池等商品，係利用顧客結帳或排隊時增加衝動購買的可能。因此，商品陳列的最終目就是促進商品銷售。

(一)商品陳列的方式

商品陳列的方式會依照業別不同及商品的需求而演出，各種陳列的方式都以能表現出商品的特色和格調為訴求。每一種陳列方式都有各自的功能效益，主要目的都是在極盡表現商品的獨特及吸引顧客的青睞與惠顧。以下針對賣場內常見的十一種陳列方式加

以詳述：

1. 貨架陳列：主要陳列輕小商品及單品繁多的系列產品。

2. 堆量陳列：將商品集中推放於某一固定位置，分為單品推量陳列和綜合推疊陳列。

3. 壁面陳列：在賣場陳列中，壁面陳列的利用價值很大，顧客一眼就能看到商品位置。賣場會大量利用牆壁面配合商品的特色、商品外型規格、商品保存條件及固定方式做陳列，可發揮立體展示效果。一般壁面分為三段式陳列：

   (1) 一段式陳列：同一類商品以全壁面展示商品，其陳列比較普通，如加上特殊飾品可突出主題。

   (2) 二段式陳列：將壁面櫃分為上下兩段，上下段的商品有關聯性。上一段商品是效果陳列，下一段商品則是量感的陳列。

   (3) 三段式陳列：中段是放置促銷商品，因為中段比較容易看到和拿到，下段是庫存量感陳列，凡壁面過高採用三段式陳列較適宜。

4. 特色陳列：根據場地實際狀況及特色商品需要，按規則的幾何圖形陳列。

5. 櫥櫃陳列：陳列櫥櫃商品時，應考慮陳列設計最有特色精華所在，和背景櫥櫃保持清潔明亮及商品間隔須有空間感。通常會以特殊的櫥櫃設備陳列特定商品。

6. 懸掛陳列：利用牆壁、柱子及天花板的硬體，以掛鉤或垂繩的形式懸掛輕小商品。

7. 垂吊式陳列：促銷的日用品陳列及超市與量販店常見的大量陳列為垂吊式陳列。

8. 拍賣車陳列：拍賣車陳列使用於大量商品或拍賣品。利用帶滑輪的臺車進行陳列的方式，其目的是引人注目，使顧客覺得商品豐富又便宜，可激起顧客的好奇心。

9. 層板陳列：層板陳列使用於放平疊放的商品。一般將同類別依高度、體積大小相近的商品集中在同一層貨架上。

10. 櫥窗陳列：利用櫥窗美化陳列效果，展示主題活動商品，提高商品質感，促進顧客購買意願及強化印象。

11. 收銀臺陳列：收銀櫃周圍設計有陳列功能，其目的為等待結帳的顧客製造刺激及衝動性購買行為。因此收銀臺前，應放置衝動性購買傾向強烈的商品。

(二)商品陳列的要素

商品陳列原則上是依商品用途及功能分類，方便門市管理與站在消費者的立場，方便其取用及停靠，並依商品關聯性、消費者購買動機及使用目的陳列商品。

門市執行商品陳列時應該掌握空間的運用、視覺的表現、商品的自我表現、陳列的關係位置、展示的差異、陳列器具的運用等之外，商品陳列應考慮陳列品項、陳列數量、陳列面向、陳列位置、陳列型態等五大要素。

(三)商品陳列的基本目的

為了達到顧客購物滿意，除了清潔、明亮、舒適的賣場外，合理地陳列商品可以展示商品、刺激銷售、方便購買、節約空間、美化購物環境等各種重要作用。商品的陳列擺設及布置要能讓顧客一目瞭然，以吸引顧客目光焦點，產生興趣進而達到購買的目的，必須合乎消費者選購行為「容易看、容易取、容易選、容易買」的陳列技巧。因此，商品規劃與展示陳列必須與消費者生活型態融合一起，並依消費者需求導向觀點，讓顧客能方便選購自己想要的商品，這點是極為重要的。

商品陳列是要做到方便顧客易見易觸、方便顧客拿取商品，同時又方便放回去，才能增加顧客的購買機會。商品陳列整體印象在左側，拿取商品在右側。所以，陳列的原則是「容易接觸的陳列」。因此，商品陳列要更有效率，可賦予商品易找、易看、易取的特性。

工作項目 05 櫃檯作業

一、門市櫃檯服務應對的工作重點

櫃檯作業工作除執行結帳作業程序外，還包括現金管理及發票開立、顧客退換貨、與顧客關係建立適時面銷、商品過期處理與報廢作業、顧客抱怨處理等。

(一)現金管理及發票開立

門市每天營業從顧客收取的現金，要做現金的整理及保管工作，確實正確找零和點收現金，儘量達到無短少、無溢收的目標。收銀機業務最主要的工作即是現金的管理及發票的開立，做好現金的整理與保管工作，避免每日發票金額與實收金額有所差異，為收銀業務現金管理的主要目標。

(二)顧客退換貨

收銀機換貨作業，秉持顧客至上的服務態度，謹慎詢問顧客退換貨的原因，如非本門市販賣的商品時，可委婉地向顧客說明無法兌換商品的原因。換貨時，如果原商品較兌換商品價格高則重新開立發票，將差額退給顧客，並收回發票作廢；如原商品較兌換商品價格低，可請顧客補足差價並打入收銀機。顧客退貨的流程如下：

1.退貨必須有發票。
2.詢問顧客退貨或換貨的原因。
3.門市服務人員應檢查此退貨是否合理。

4.門市服務人員必須先確認相關的發票、清單和商品名稱。

(三)適時面銷

收銀員是和顧客接觸的第一線服務人員，門市服務人員應親切、主動地與顧客接觸，建立良好的互動關係，以增加面對面銷售的機會，提升門市業績。

(四)商品過期處理與報廢作業

門市內的商品多具銷售的時效性，站在消費者的立場，任何一位顧客皆不願意買到過期商品，過期商品會影響顧客健康、造成金錢上的損失。門市服務人員檢查出過期商品後，必須進行商品報廢作業。

(五)櫃檯結帳作業

1.一般櫃檯結帳步驟：見**表3-1**。

表3-1　結帳步驟與禮貌用語

結帳步驟	收銀禮貌用語	配合動作
1.迎賓話術	◎「歡迎光臨！」	1.面帶微笑，與顧客的目光接觸 2.等待顧客將購物籃上的商品放置於收銀臺上
2.商品登錄	◎「這是您所要購買的商品嗎？我為您結帳。」	1.以左（右）手拿取商品，進行登錄 2.登錄完的商品必須與未登錄商品分開放置，避免混淆
3.結算商品	◎「一共是○○元。」 ◎「請問您是要刷卡還是付現？」	1.收銀員可以趁顧客拿錢時，先行將商品入袋 2.顧客拿現金付帳時，應立即停止手邊的工作
4.收取金額	◎「謝謝，收您○○元，請稍等一下。」（以雙手收取金額）	1.確認顧客支付的金額，並檢查是否有假鈔 2.若顧客未付帳，應禮貌性地重複一次，不可表現出不耐煩的態度
5.找錢作業	◎「讓您久等了，找您○○元，請確定數目。」（交予發票和找回的金額）	1.找出正確零錢 2.將大鈔放在下面，零錢放在上面，發票夾在中間 3.待顧客沒有疑問時，立即將顧客支付的現金放入收銀機的抽屜內，並關上
6.歡送顧客	◎「謝謝！」 ◎「歡迎再度光臨！」（雙手交予商品）	1.一手提著購物袋交給顧客，另一手置於購物袋底部，待顧客拿取後才可將雙手放開。 2.確定顧客沒有遺忘購物袋。 3.面帶笑容，目送顧客離開。

資料來源：蕭靜雅整理製作。

2.櫃檯作業服務禮貌用語：門市櫃檯作業服務與顧客應對禮貌用語，一般常用的為「歡迎光臨」、「是的」、「對不起」、「請稍等」、「讓您久等了」、「謝謝」、「歡迎再度光臨」等基本應對七大用語。因此，門市服務人員服務話語的運用應在最適當的時機使用，以達到良好的待客技巧為目的。

二、櫃檯標準配置

門市櫃檯配置依其功能性可分為外場、前場和後場等三大部分：

1.「前場」：最主要的商品配置區。
2.「外場」：主要是整個門市的引導區。
3.「後場」：門市的附屬區域。

上述這三者之間的設施和機能，依配置方式、比例大小、業態形式及經營規模等而各有不同，但三者之間彼此是相輔相成的。

三、現金處理與開立發票作業

(一)現金處理

門市每天開始營業前，必須將各收銀機開機前的零用金準備妥當，依各種面額所示鋪在收銀機的現金盤內，包括各種面值之紙鈔和硬幣，每臺收銀機每日的零用金，依公司規定的金額為原則。每日開機前的零用金外，小金庫亦必須備有足夠數額的存量，尤其是連續假日，以便在營業時間內，隨時提供各收銀機兌換零錢的額外需要。收銀員應隨時檢查零用錢是否足夠，以便提早兌換。

收銀機錢箱配置應按面額大小順序排列，以方便取用，避免找錯錢、短少或溢收的狀況發生。配置參考如**圖3-3**：

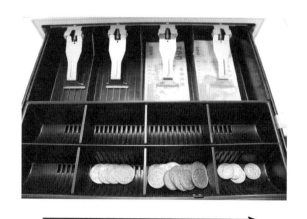

圖3-3　現金面額由大至小

(二)開立發票

　　櫃檯服務人員在結帳時，發生發票資料書寫錯誤、交易取消、發票列印卡紙、退貨等情況，則必須將發票作廢。開立發票不同號碼時，應檢查收執聯及存根號碼對調或同步、視收銀機型類設定號碼、或向上呈報並記錄處理。

　　統一發票的開立如遇到停電時，可開立手寫發票。如果未主動將已開立之統一發票交予顧客、漏開發票或顧客未主動索取而漏開統一發票和已提醒交付予消費者而未取走的發票則可保留，該行為將受罰。但下列情形得免受罰：

1. 統一發票開立與處理注意事項：
   (1)確實開立統一發票、輸入統一編號，主動將發票交給顧客。
   (2)作廢發票可能產生的原因有交易取消、卡紙重印、退貨等。
   (3)統一發票已結帳輸出時，顧客才告知需打統一編號，收銀員可在該張統一發票蓋上商店的統一發票章後，請顧客自行填寫統一編號。

2. 統一發票的種類：門市統一發票的開立不外乎就是利用電子收銀設備作業，減少一般統一發票開立的繁瑣過程，五種的中的一種——收銀機發票，甚至包含所需的結帳動作都能簡易的操作完成。其他四種較常見的統一發票分別是：
   (1)三聯式統一發票：是一種專門讓營業人銷售貨物給營業人或非營業人的發票。第一聯為存根聯，由賣方也就是開立發票的人保存；第二聯為扣抵聯，交予買受人作為申報扣抵或扣減稅額的憑據；第三聯為收執聯，交付買受人作為記帳的憑證。就買受人的區別，三聯式發票可以滿足不同的需求，無論是非營業人單純的消費憑證，或是營業人申報扣抵、扣減稅額使用等，都十分的方便。
   (2)二聯式統一發票：是一種專門讓營業人銷售貨物給非營業人的發票。第一聯為存根聯，由開立人保存；第二聯為收執聯，交付買受人收執。
   (3)特種統一發票：指由特種稅額計算營業人使用的統一發票。第一聯是由開立人保存的存根聯；第二聯則是由買受人收執的收執聯。
   (4)電子計算機統一發票：供使用電子計算機開立統一發票的營業人使用，和特種統一發票一樣，共有收執聯和存根聯2張發票，功能也大致相同。

3. 統一發票記載項目：統一發票記載項目包括開立發票的日期、發票種類、發票統一編號、商店名稱、營利事業登記之統一編號、商店地址及聯絡電話、開立商品及金額明細和消費者付款方式等。（如圖3-4）

4. 偽鈔辨識：偽鈔辨識（見表3-2）主要從紙鈔的迎光面進行透視，檢視水印及隱藏字情形；轉一轉條狀「光影變化箔膜」，輕轉時會有七彩光影的變化；變色油墨會由金色變成綠色；變色窗式安全線會由紫色變成綠色等等方式均是辨別方式。（如圖3-5）

5. 偽鈔處理原則：服務人員在收取顧客大鈔時，應預防檢查並注意紙質、顏色、安

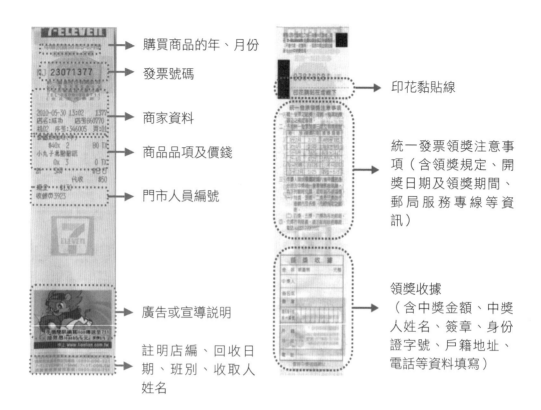

購買商品的年、月份

發票號碼

印花黏貼線

商家資料

商品品項及價錢

統一發票領獎注意事項（含領獎規定、開獎日期及領獎期間、郵局服務專線等資訊）

門市人員編號

廣告或宣導說明

註明店編、回收日期、班別、收取人姓名

領獎收據（含中獎金額、中獎人姓名、簽章、身份證字號、戶籍地址、電話等資料填寫）

圖3-4　統一發票記載明細

表3-2　偽鈔辨識方法說明表

項目	辨識方法	說明
1	上下左右銜接圖紋	將鈔券上下或左右捲摺，圖紋可銜接者
2	盲人點	用手觸摸可感覺凸起的印紋，提供盲胞或弱視者辨識之用
3	浮水印	把鈔券拿起來，迎光透視：1000元可以看到「菊花」及"1000"水印；500元可以看到「竹子」及"500"水印；100元可看到「梅花」及"100"水印
4	變色油墨	輕輕轉動鈔券：1000元鈔券的"1000"會由金色變成綠色；500元的"500"和100元的"100"會由紫紅色變綠色；用手觸摸則會有凹凸的感覺
5	正背面套印	正背面梅花圖案，迎光透視水印
6	變色窗式安全線	輕轉鈔券：1000元、500元及100元的安全線都會由紫變成綠色，並各有"1000"、"500"、"100"字樣
7	隱性螢光纖維絲	靠螢光燈輔助，鈔券在螢光燈的照射下，整張鈔券會顯現紅、藍、綠三色的螢光纖維絲，紅色號碼會呈橘紅色。偽鈔在紫外光照射下，並沒有紅、綠、藍螢光纖維，紅色號碼也不會發色
8	凹版印刷	真鈔的主要圖文為凹版印刷，用手觸摸可感覺墨紋突出紙面，但偽鈔是平版印刷，以手觸摸並無墨紋凸起的感覺
9	隱藏字	以15度角迎光檢視，鈔券右下圖文會各自浮現"1000"、"500"、"100"的字樣
10	微小字	用放大鏡檢視可見 "THE REPUBLIC OF CHINA" 連續字樣

資料來源：中央銀行流通鈔券真偽之辨識。

正面紙鈔

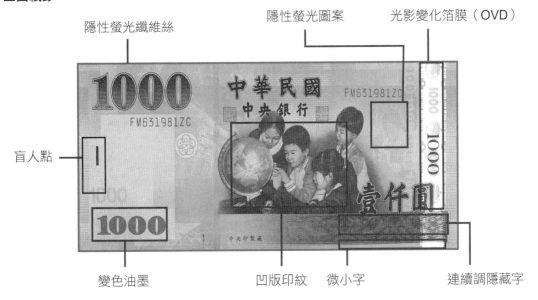

圖3-5a　新臺幣千元鈔票正面圖示

反面紙鈔

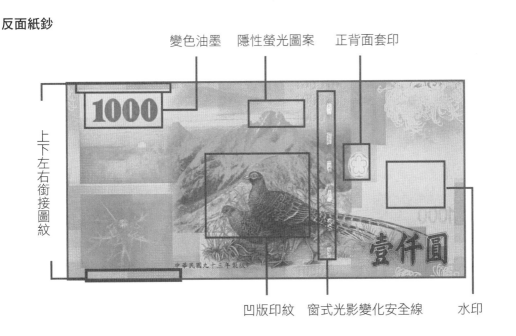

圖3-5b　新臺幣千元鈔票反面圖示

全線及浮水印。若發現顧客持偽鈔購物時，應相信顧客是不知情的，並應告知顧客「可能是偽鈔」，再請顧客提供其他付款方式。

四、交接班作業

門市服務人員收銀作業範圍從作業規定到作業稽核，都應有明確的規範可茲遵照執行。在當日收銀後，交接班作業需做好各項事務工作，才不會造成服務及管理的缺失。交接班的管制作業重點必須做好商品管制表使用、交接班點交作業、離櫃作業及門市檢查。其規範涵蓋收銀作業規定、收銀作業流程、發票作廢作業、收銀排班及交接班作業等。

(一)收銀排班作業

收銀排班作業應配合賣場營業時間及情況，提供顧客最佳的服務。安排輪班作業時，必須考慮賣場營業的時間長短及不同時段的來客數，同時亦考慮假日、節慶及促銷期營業狀況的需要，提早進行排班作業。

(二)交接班作業

交接班作業著重在現金交接、商品和物品交接及賣場狀況了解。作業流程涵蓋交班前、接班前及交接班等作業事項。

1. 交班前作業：
   (1)當班收銀員準備下班前，應將必備物品及商品補齊。
   (2)清潔、整理收銀區環境。
   (3)備妥交班金及零找金。
   (4)填寫收銀員日報表及交班簿等事項。
2. 接班前作業：
   (1)接班簽到及詳閱交班簿說明事項。
   (2)檢查監視器並換裝錄影帶。
   (3)檢視前一班人員的環境清潔工作及補貨作業情形。
   (4)清點商品及備品與簽名記錄等事項。
3. 交接班作業：
   (1)交接班人員互相清點交班金及零找金，之後由接班人員按確認責任鍵。
   (2)交班人員填入「現金投庫紀錄表」，並將現金放入現金袋中封好，投入金庫。
   (3)交班人員於交班前必須填寫當日「工作日誌」，詳細交代當日已完成的工作及未完成的工作。
   (4)交班人員應協助接班人員了解當日商店內營運的狀況，以利接班人員迅速接手各項工作。

(5)接班人員必須清點各項列管商品，確認各項商品數量無誤後填寫「列管商品單」後簽章，以示負責。

(6)接班者須檢查交班者之皮包及手提袋等事項。

工作項目 06 顧客服務作業

　　顧客服務（customer service），指提供各項活動以協助顧客的服務，一般認為超過顧客期望的服務才是「好的服務」；因此做好顧客管理作業，包括售前開發、售中服務及售後滿意度維持是很重要的。門市人員維持顧客良好關係的基本工作，包括整齊大方的服裝儀容、親切有禮的服務、迅速結帳避免顧客久候、遵守所售商品的品質與保證、售後服務、處理顧客抱怨、信守對顧客的承諾。

一、服裝儀容規範

　　當顧客光臨門市時，門市服務人員將是第一位接觸到顧客的人，是而其服裝儀容與迎賓態度將是顧客對門市的第一印象。故服裝儀容的重要性由此可知，它是顧客的第一印象，也是塑造工作心情與氣氛和贏得顧客信賴的決定性指標。門市服務人員一般均穿著公司規定的制服，以標榜企業的識別系統（C.I.S.）或整齊劃一的精神。門市「服裝儀容」的應注意事項如下：

1.穿著適宜得體的服裝或門市規定的制服，衣服、鞋襪宜保持整潔不起皺。

2.服務臂章及員工識別證配掛於規定的位置。

3.頭髮應梳理整齊，不過長、不過度染色，髮型以清爽自然為原則。

4.適當的化妝，勿濃妝豔抹或配戴多餘的首飾，以免與顧客有距離感。

5.上班前，避免口臭及鼻毛過長等問題。

6.修剪指甲，勿塗指甲油，並應隨時保持雙手乾淨。

7.穿著舒適的鞋子，保持鞋面清潔光亮。

二、顧客服務及應對態度

(一)顧客服務管理

　　門市服務欲超越顧客的期望必須提供顧客意想不到的服務，如提供商品解說、解決問題、客訴處理、售後服務等，皆為顧客服務的範圍。為了提升門市服務品質，必須擬定一套「服務準則」，強制員工達到準則規定的服務水準。如常常使用「您好」、「歡迎光臨」、「請稍候」、「是的」、「對不起」、「抱歉」、「讓您久等」、「先生（小姐）您的發票，祝您中獎」、「謝謝惠顧，歡迎再來」等待客用語，以營造商店親

切愉悅的購物環境。因此，門市人員應與顧客建立良好的關係，依據顧客的需求提供適當的服務，而服務顧客需滿足內外顧客的需求，並收集顧客的意見作為改善依據。

顧客在「服務接觸形式」中，包括遠距接觸、電話接觸和面對面接觸。門市服務人員應該提供「良好服務」以超越顧客的期望，並提供意想不到的服務，包括顧客所需的商品及良好的服務態度。當顧客對門市服務不滿意時，90%以上的顧客會默默離去，以後不再光顧。因此，門市服務人員須以親切友善的態度、精確熟練的工作技巧，來滿足顧客需求，讓顧客在消費時倍感尊重。

由於服務不容易維持一致的品質，相同服務人員，在不同時間、地點、服務對象、本身情緒等，都會有不同的服務品質。尖峰與離峰時期，服務人員所花費的時間與精力，也會產生不同服務品質的差異。為了使顧客能有最高滿意度，服務人員應了解服務本身所具有的特性內涵，以提供更完善的服務來滿足顧客群。因此門市人員要力行「服務5S」——服務迅速（speed）、面帶微笑（smile）、應對機警（smart）、適時表現誠摯態度（sincerity）、對店內商品要有概括之認識（study）。有滿意的顧客才有忠實的顧客，每一個行銷人員心中的金石玉律就是顧客滿意。

(二)顧客禮貌及應對態度

門市在市場環境的競爭下，提升服務品質是經營競爭優勢的基本條件。服務人員應當了解顧客的消費習性，對待顧客要將心比心、誠心對待，因顧客滿意的程度取決於期望與感受的差值，而要達到100%的顧客滿意度最直接的方法就是多與顧客互動。此外，門市人員應隨時保持笑容、禮貌的服務及主動協助顧客，且在不影響門市作業範圍內與顧客互動，讓顧客在購物之餘，能感受到親切的服務氣氛。

(三)電話禮儀應對

門市櫃檯服務人員是整個公司中直接對顧客提供服務的人員，電話禮儀應對及態度都代表公司對外的形象，只要小小的疏忽都有可能讓顧客對整個賣場產生不良的觀感。因此優質的電話服務是必須的，如態度要迅速、熱誠和給予客人完善的資訊，讓顧客感受到尊重。門市電話禮儀應對應注意：

1. 電話鈴響三聲必須接起，或不超過5秒鐘之內即予以接聽應答。
2. 接聽電話時，應親切禮貌的先告訴對方「XX公司，您好或您早，敝姓○，很高興為您服務」等問候語。並經常將「請」、「謝謝」、「對不起」、「請稍待」、「讓您久等」掛在嘴邊。
3. 電話應對時，應謙和、熱誠。
4. 注意轉接電話的禮貌，多說「好的」、「請稍候」、「對不起」，並盡速請受話人接聽，避免對方等候過久。
5. 電話語言應儘量簡短、明晰、溫和、切忌語氣粗魯。即使對方不耐煩或生氣時，

仍應保持良好的禮貌風度。

6. 注意聽取查詢內容或反映意見，不得有遺漏而致答非所問，或一再要求重複說明，以免引起反感。

7. 解答問題時，應正確作答，務必使對方獲得充分了解。

8. 答話儘量口語化，不得以模稜兩可的語氣敷衍。

9. 對方所查詢的問題如超越權責範圍或一時無法解答時，應詳加說明原因，請對方留下姓名、電話號碼或住址等，再以電話或書面答覆。

10. 結束時說聲「再見」、「不客氣」、「謝謝您的來電」等結束禮貌用語。

(四)顧客的類型與應對

門市服務人員應該了解顧客的類型及應對的方式，營業期間保持高度的警覺心及觀察力，隨時注意顧客所屬的類型與特性，或從顧客表情中察覺所屬類型，解決顧客的需求與疑惑，幫助顧客購買所需商品及滿意商品，這是門市人員須熟悉技巧和靈活運用的第一要務。（見**表3-3**）

三、服務作業的執行

對零售店而言，持續的顧客服務認知是做到顧客期待即可。凡是有助於提升產品服務品質的作業流程，以及能夠增加顧客接觸點滿意程度的執行作業，都屬於顧客服務工作中執行的一部分。執行顧客服務流程包括物流與實體配送、抱怨處理、售後服務，及在銷售前、中、後提供顧客資訊、銷售、訂單處理，以及包裝、展示、付款等活動。基本上這些活動都直接與顧客接觸，顧客滿意度的好壞足以影響消費者對商品、服務與商店的態度，進而影響消費者的再購率。顧客服務執行流程，大多會建立一套標準化服務流程（SOP），讓門市服務人員在提供服務時皆有所依據。

改善門市服務品質的時機是每天且持續性的活動。目前門市服務所提供的策略是「標準化」的服務流程，致力於提供顧客穩定長期服務保證：以「客製化」服務與價值創造，追求顧客滿意，提供客製化服務，及運用「資訊科技」快速提供服務為主。

四、門市顧客關係管理作業

對於零售店顧客關係管理而言，顧客服務的持續認知目的是創造競爭優勢、不斷注意顧客需求的變化、不斷提升服務的品質。門市與顧客建立良好的關係是依據顧客的需求提供適當的服務，並收集顧客的意見作為改善依據，以優質服務滿足顧客的需求。因此，長期培養顧客關係，必須從人員素質、購買環境、服務商品、銷售服務、資訊提供及購後服務，建立顧客的關係培養。

表3-3　顧客類型與應對技巧

顧客的類型	應對技巧
講價型	向顧客說明，公司商品為「統一價格」，除了有好的品質和功能外，並附有完善的售後服務，非必要時不讓顧客輕易殺價
精挑細選型	精挑細選型，又稱百般挑剔型，此類顧客會花費許多時間決定是否購買商品，以女性顧客居多，亦是熱衷選購商品的顧客。服務人員可以視顧客的需求，為顧客挑選適當的商品或比較各項商品的價格、特色、內容等，以自信的態度向顧客推薦，並配合顧客的步調，以搏得這類顧客的好感，成為門市的主顧客
見多識廣型	服務人員可以利用詢問方式與其接觸，找話題與這類型客人呼應，適時誇獎，表示敬意，並反過來向顧客請教，掌握顧客的喜愛後，再將商品有順序地詳細加以說明
猶豫不決型	可以向消費者述說自己的使用經驗，或提供其他使用者的資料佐證，並提供其決定性的建議，幫助消費者做購買的決定
依賴型	這類型顧客大都不願購買不划算的商品，服務人員需仔細觀察顧客的需求，從其喜歡的商品中，運用自己的專業知識為顧客說明，並針對客人的需求與預算，推薦可購買的商品供消費者選擇，以縮短應對時間
自我中心型	此類型顧客是近年來的主流，通常為熟客，服務人員必須熟記消費者的購買習慣，貼心的提供服務並針對特性商品推薦，在顧客心中留下良好的印象，創造良好的口碑式行銷。除購買商品外，會介紹親朋好友到自己喜歡的商店購物，大都屬於此類型
理智型	這類型顧客頭腦冷靜、重視邏輯思考，很少受到廣告宣傳、品牌、包裝和外界環境的影響。因此服務人員必須提出明確的商品解說及售後服務的內容，用簡明扼要且清楚的話語，幫助顧客了解商品的各種特性和優點，根據事實，簡明及條理井然的為此類顧客說明，分析各項商品的優劣，以利其選擇
多疑型	面對此類不信任店員的顧客，因其不輕易相信說明，故店員不可有言詞反覆、語意不清的狀況發生，如果說明不得要領，會造成反效果。服務人員要把握顧客的疑點，明確的說明理由及根據事實提出佐證資料為其解說，以取得顧客的認同，進而購買商品或服務
脾氣暴躁型	性情急躁的顧客發現店員的服務態度稍有缺失或動作太慢，會立即顯得不耐煩、發脾氣。為了避免與顧客衝突，應用和順的語氣、態度及迅速的動作，配合顧客的需求，提供商品服務。因此，服務人員要特別注意言語和態度，適時地予以配合
聊天型	遇到聊天型的顧客，請專心傾聽，不可中途中斷話題，而應找適當的時機將話題轉回到商品的銷售上，去引導、推薦顧客相關的商品或服務
沉默型	觀察此類客人的動作、表情，用少許的言語來抓住顧客的心理與喜好；或打招呼告示之，若有需要請告訴店員。勿用緊迫盯人的方式推銷，必須選定適當的時機提出具體的詢問，誘導顧客回答，再挑選出適合的商品
閒逛型	此類型的顧客在購買習慣上並無特定目標，服務人員應以親切的態度熱誠相待，主動和顧客攀談再找適當時機將話題轉到商品上面，探詢顧客潛在的需要並介紹適當的商品，或請顧客務必留下資料以提供銷售推薦

資料來源：蕭靜雅整理製作。

(一)門市的顧客關係管理

顧客關係管理是指門市為了贏取新顧客，鞏固既有客戶，與增進顧客利潤貢獻度，而不斷地溝通，以了解並影響顧客行為的方法。門市顧客關係管理作業是利用整合性行銷，建制提供顧客一致滿意經驗的銷售、行銷及服務流程，達到「整體顧客價值」目的的一套經營模式。對於顧客關係的重要性，當顧客對門市服務不滿意時，90％以上的顧客會默默離去以後不再光顧。

(二)處理客訴應有的態度與處理步驟

當客訴發生時，應該要誠懇的關心顧客的感受，不可忙著推諉責任。仔細聽完客人的敘述後，參考客人的意願給予換貨或退款等處理，必要時應給予額外的補償。處理抱怨時應考慮因人、因時、因地及主客觀環境的變化，進行適切的處理或改善。

1. **顧客抱怨處理**：顧客抱怨（customer complaint）是指當顧客對商品、人員服務、硬體設備及其他等有意見或遭受損害而提出投訴，且希望能夠藉此達到補償及協助。處理顧客抱怨的目標主要是找出顧客不滿意的癥結作為改進參考，檢討改善，避免錯誤再度發生，並得到顧客再度的信賴。當顧客提出客訴，表示顧客仍有高度的期望，應立即改善，符合顧客的期待，達成企業永續經營的目的。面對客訴事件時，門市服務人員對待抱怨的顧客的基本態度是耐心的傾聽，以平息客人怨氣為優先；再處理客訴，向顧客道歉並探討原因，並提出問題解決的方法。

2. **處理顧客抱怨技巧**：門市常發生顧客抱怨原因，大多是因為久候結帳、買不到所需商品、缺貨未即時進貨、品質問題、服務欠佳、結帳金額有誤差或錯誤、服務人員對商品資訊不清楚、賣場安全顧慮等問題。當顧客使用電話抱怨時，要耐心傾聽並記錄顧客的姓名、地址、電話號碼與抱怨內容和說明事情的原委。當顧客在門市發生抱怨時，服務人員及管理人員就必須具備抱怨處理的能力。

3. **服務補救**：服務補救是指服務提供者產生服務失誤時所採取回應顧客的相關回應。由於顧客對商店所提供的服務具有高度期望，服務補救應該具有現場性和快速性，進行補救動作；適當的補償行動，不僅可以彌補服務的失誤，更能夠扭轉不利的情況。一般零售業的服務補救方式共有十二種，即折扣、更正、主管出面解決、更正並補償、替換、抱歉、退還金額、顧客自行更正、給予信用優惠、不滿意的更正、擴大錯誤，及不做任何處置。

(三)售後服務的重要性

售後服務是指商店把產品銷售給顧客之後，為顧客提供的一系列服務，包括商品退換貨、送貨、安裝、維修、服務等，依顧客需求提供最佳的服務，以強化顧客忠誠度，並在服務過程中創造顧客需求，主動尋找商機。

在商店提供多項的服務中，售後服務是維護與強化顧客關係的重要關鍵，唯有提供完善的售後服務，才能建立顧客對商店的忠誠度。

工作項目 07 簡易設備操作

一、門市設備的種類

機器設備是門市的重要資產，門市人員除認識設備的種類、操作和使用外，簡易設備維護狀況與報修程序更要清楚了解。如便利商店的設備：關東煮機、熱狗機、蒸包機、熱罐機、咖啡機、麵包保溫箱、霜淇淋機、冷凍機、製冰機、微波爐、熱水機、冰櫃等等，這些門市設備都與食品有關。簡易設備維護是不能馬虎的，否則易使食品毀壞、產生異味，為了避免顧客抱怨，平時的維護與保養是相當重要的。門市設施設備種類繁多，包括空氣門、冷氣、收銀機POS、UPS、花車、DM、海報等等。本文將門市的設備大致分為基本電器設備、商品陳列設備、機儀器設備、消防安全設備等四大類。

(一)基本電器設備

門市內主要的共用性設備，如各式照明、發電機、冷氣空調等設備。「各式的照明設備」除了門市基本照明、加強照明、專用特殊照明之外，還包含廣告用的招牌照明和指引用的燈箱等照明設備（見**表3-4**）。一般維護高照度燈光需注意：日光燈為主照射，須均勻；燈具大規模陳列要整齊排列；如照明範圍大，電力與角度均會影響照明度。

發電機是當門市停電時，可自行發電供賣場急需。如果門市服務人員遇到停電時需先關閉店內所有開關，再開一盞照明燈開關；「發電機」在一般賣場會依實際需要購置或租賃機臺以提供賣場停電的主要電力系統；「冷氣空調設備」在賣場以分離式設計最適合，並依賣場的大小選用適合的嵌入型冷氣、吊隱直膨式冷氣、箱型冷氣或中央空調冷氣。

(二)商品陳列設備

商品陳列設備不僅能最大限度地增加經營面積，利用一切可利用的空間，吸引顧客對商品的注意，如收銀機前小型貨架。門市貨架具有消費者的靠近性及順手購買的特質，可用來陳列體積小、單價低的商品。門市設施配置應注意室內陳設對過往行人是否有吸引力、騎樓保持通暢無礙、無障礙物、通道是否讓顧客行走不便等。並進一步美化購物環境刺激消費，提升賣場氣氛，創造舒適的購物環境，從而達到提升客單價，增加賣場效益的目的。

一般商品陳列設備的種類非常多，大致可歸類為貨物架、吊架、櫃檯、陳列櫃、商品櫥櫃、特販車臺、展示臺和陳列道具等，為賣場最主要的銷售設施。

表3-4 門市基本電器設備

基本電器設備		功能	用途說明
照明設備	日光燈管	照明的功用除了可將物體清晰看出，亦能改變周圍環境，營造出舒適愉快的空間。良好的商業場所照明可提升場所氣氛，增加商品價值感，有助於商品的銷售。如店內照明度加強為一般店的3至4倍，便有誘導顧客來店消費的功能	日光燈管下被照射的物品，色彩鮮豔、明亮，可見度高
	環狀燈管		環狀燈管照射均衡增加亮度，適用於大展示場
	燈泡		燈泡具有反射的光，能看清物體的形狀、色彩等具有層次感的塑造和具有省電的特性
	投射燈		投射燈的照明有可以美化、展現商品的色彩、質感等特徵，用於特殊商品展示
發電機設備	發電機器	賣場必須備有發電機作為停電時的緊急供電，並在合理的延時狀態下，將發電機供電送達門市，供機儀器設備運轉使用	發電機在賣場停電時，可自行發電供應賣場急需，以解除暫時停電的危機、人員的危險性及冷凍冷藏食品的敗壞
冷氣空調設備	嵌入型冷氣	冷氣需量約以每坪800大卡來估計： 800大卡×坪數＝○○大卡	以賣場營業空間及用途進行選擇，並考慮安裝條件： 1.有無自動門 2.有無天花板？是否為輕鋼架，是否挑高？ 3.可以接受水冷式嗎？（有無水塔安裝空間） 4.可以接受箱型嗎？（有無落地安裝空間）
	吊隱直膨式冷氣		
	箱型冷氣		
	中央空調冷氣		

資料來源：蕭靜雅整理製作。

(三)機儀器設備

　　賣場機儀器設備（見**表3-5**）與管理設備（見**圖3-6**）可分為冷凍冷藏設備、餐飲設備、收銀設備及管理輔助設備等，這四類設備都是賣場或餐飲食品的主要設備，在賣場的投資比率高，所展售的都是賣場的主力商品。

(四)消防安全設備

　　有關消防規定，依據行政院頒布的各類場所消防安全設備設置標準，營業場所都應設置符合國家審核認可的消防安全設施及設備。尤其賣場為高密度人潮聚集場所，必須擬定有效的消防作業應變措施。

　　一般賣場設置的消防安全設備可分為：(1)消防設備設施：滅火設備、警報設備；(2)緊急設備：標示設備、避難器具、緊急照明設備；(3)耐火材設備：建築火材等三大類，

表3-5　賣場機儀器設備說明表

機儀器設備	主要設備	用途說明
冷凍冷藏設備	如開放式冷藏展示櫃、臥式冷凍櫃、雙門式冷藏飲料櫃、組合式生鮮食品冷凍冷藏櫃等	賣場新鮮食品以冷凍冷藏設備保持食品的安全性，一般冷藏櫃保存攝氏5℃；冷凍櫃保存攝氏零下20℃
餐飲設備	如關東煮機、熱狗機、蒸包機、熱罐機、咖啡機、麵包保溫箱、霜淇淋機、冷凍機、製冰機、微波爐、熱水機、冰櫃等	一般賣場或便利商店普遍設置的設備會依販賣類別的不同，選用不同專用設備，主要為飲料和即食食品
收銀設備	收銀機、掃描器、鍵盤、發票印表機、代收項目印表機、POS系統（包括條碼閱讀設備、終端機、印表機）	1.收銀機大多使用POS銷售情報系統管控營業狀況，利用管理設備輔助賣場營運，提升效率 2.POS系統的效益為縮短帳目結帳時間、降低缺貨量、降低結帳錯誤率 3.POS系統的功能為防止人為舞弊、蒐集商品資訊、強化採購管理
管理輔助設備	如電話、傳真機、電子訂購系統（EOS）設施、收銀機、電腦設備、掌上型終端機、監視系統設備（包含錄放影機、電源器、螢幕）等	管理輔助設備主要協助店內穩定執行日常必須的業務及往來聯絡，如掌上型終端機協助管理貨品進貨日期、存貨數量控制

資料來源：蕭靜雅整理製作。

掌上型終端機　　　　大型伺服器主機　　　　電話　　　　　　電腦

圖3-6　管理輔助設備圖

其他還包括消防搶救上之必要設備、緊急用升降機及緊急進口設備；(4)其他經中央消防主管機關認定的消防安全設備。

二、機器設備的操作與使用

　　賣場依經營型態不同，所使用的設備也都不同，每一種設備的操作與使用及保養都各有差異，除了與專業廠商協力配合外，賣場人員應需落實正確門市設備管理。如電源

類機器先檢查是否尚未開啟或有電線脫落，每次維修皆應記錄，且需為完整的記錄。設備應定期保養，以降低故障頻率及維修次數。除此之外，門市機器設備的操作與使用應熟悉門市設備並列冊管理、定期保養和了解機器設備的安全性。因此，賣場人員應落實機器設備的操作，注意事項如下：

1. 收銀機的操作與使用：

(1)收銀員必須熟練收銀機的操作與使用，掌握作業技巧，正確又快速的完成收銀作業。

(2)收銀機正確的操作步驟為：

① 打入代號（或按責任鍵），以確立權責。

② 以掃描器掃描條碼（商品編碼）或用人工打入價錢及部門鍵。

③ 按【小計】告知顧客付款金額。

④ 收取現金，並找錢。

(3)熟練刷卡作業流程。

(4)正確而快速的裝袋服務。

(5)辨識現鈔的真偽。

(6)正確無誤的找錢服務。

2. 設備的操作與使用：

(1)每天需要管理的營業設施包括空調設備的開放、監視設備的錄影、冷藏冷凍溫度的檢查。

(2)了解設備的外觀及各部位的名稱、機器特性、機器規格及使用方法。

(3)了解設備所使用的電壓、機器特性、配電開關位置、運作性能和控制功能。

(4)門市機器設備中，需時常注意其溫度變化，如冷藏冷凍系統、空調設備系統、蒸包機等。

(5)商品依標準陳列位置於冷凍冷藏設備中，不可阻礙風路循環系統。

(6)機器設備需每日進行清理，如冰箱、瓦斯爐、冰沙機等。

(7)熟練設備的保養，如更換耗材、機器潤滑、設備清潔消毒、簡易故障排除等。

(8)熟悉維修廠商電話及其聯絡人的資料。

(9)機器設備應裝置有穩壓器及接地線，防止電壓不穩與漏電，並防護噪音和散熱通風問題。

(10)門市如遇停電時，應拔除電源插頭或切斷電源開關。

3. 設備保養維護：賣場營運場所使用的機器設備種類繁多功能又複雜，如果沒有建立完整的維修計畫，常導致短時間內無法排除故障，影響賣場的正常營運。賣場計畫性的維護保養專業知識應建立具全面性的、系統性的、時效性的特性。因此，要落實機器設備的保養維護應注意下列事項：

(1)設備定期保養制度或維修制度應要有計畫性的安排保養、維修與調整，以隨時

保持最佳狀態，降低故障率，可有助減少因故障導致的營業損失，並避免無謂的維修費用。

(2)賣場機器設備須有定期例行性的檢查或測驗，以確保機器功能及品質的穩定。

(3)在機器設備的安全或及保養維護方面不可運用過大或過小的工具，以免破壞設備，要以適當工具為原則。

(4)常耗損的機器設備須定期保養如冷氣出風口的濾網、燈管、安全指示燈。

三、設備簡易維護與報修

稍微的不小心都會導致嚴重的後果，畢竟水、火、電都具有危險的本質，而平常有計畫的保養，可以預防一切維修問題的發生；預防當然勝於治療，如何預防同樣的問題發生便要擬定並執行平常的保養計畫。設備一旦發生問題時，如果沒有把握可以尋求廠商支援，以免製造更大的麻煩，一般簡易障礙報修處理方式如下：

1.了解該機器設備使用說明書，包括描述其來源、原理、操作、維修、零件功能、注意事項等。

2.遇機器故障時應提報維修申請，並紀錄報修日期及原因。

3.緊急報修程度須依重要程度排列順序，如漏、淹水＞跳電＞自動門故障＞淨水器濾心更換。

4.安全維修機器設備的原則是：切斷電源→反手接觸→使用適當工具。

5.收銀機故障可自行排除，如收銀機卡紙、發票紙張不同步、號碼不同、發票印字不清楚。

6.電話不通時的正確處理方式是：電話線或電線脫落插入即可，用手機撥打障礙臺查詢外線電話是否故障，若使用的話機故障則換話機即可。

7.門市外部環境設施或設備可採用新增招牌或汰換舊招牌，以增加店內外的照明亮度、降低陳列架高度。

8.一旦確定機器不能維修，應立即根據報廢程序，申請新設備的採購，以免影響營運。

工作項目 08 環境及安全衛生作業

清潔衛生的環境及安全的設備屬於門市形象的一部分，為提供良好的服務，及節省因維護不當而所需的修理費用，服務人員必須在平時便注意門市設備的保養與維修。主要的重點工作內容，如水、電、照明、洗手間的清潔維護、物品擺設整齊、騎樓維持暢通乾淨、走道暢通無阻、各項設備的正常使用及定時檢測、協助報修狀況的追蹤等。賣場的環境及安全管理，包括防搶、防偷、防意外、防火、防颱、防地震、停水、停電等

項，處理得當與否關係到顧客與員工的生命安全，不容忽視。因此賣場安全管理不僅重視事發當時的緊急應變之道，更強調事先的預防措施。

門市安全管理即是對現金、人員、生財設備、環境衛生做安全措施的管理。門市屬於開放式賣場，主要提供實體商品與服務的區域，此區域主要活動的對象是顧客及員工。為了防止意外發生，門市安全營運應先建立員工的問題意識，每日營業時間必須注意門市環境及安全衛生作業，平日包括各項設備的正常使用情形、定時保養狀況、定時檢測和維修，以提供顧客舒適又安全的購物環境。例如員工上班途中遭遇車禍，屬於門市員工安全管理的內容；而消費者在門市中滑倒受傷，屬於門市賣場安全管理。

一、門市環境

(一)門市商圈與立地環境

「商圈」是指一個地理上的區域，或在區域內的商店可以提供商品與服務給顧客，而顧客願意且能夠消費該店產品或服務的距離，所形成的一個區域範圍，這就是**門市商圈**。連鎖店商圈規劃通常是以門市所在點為中心點，主要以商業區、市中心和住宅區作為立地環境。商圈在經營規劃方面，應避免自相競爭，以擁有更佳的競爭優勢。

(二)門市配置及動線規劃

門市布置與動線規劃具有刺激消費者購物的目的，針對消費者所需求的商品，透過空間配置的重點展現，形成顧客購物時選擇的重點。顧客從門市進入賣場內，經由順暢的動線，有規律性的走動和盡情選購商品，達到門市經營的效益。動線規劃的目的是減少人潮衝突、便利門市作業和方便顧客採購。

動線是指店內人與物品移動的路徑與通道。如何於門市做有效的動線規劃配置，增加營業額（即增加坪效），門市賣場布局必須依據賣場構造，定出主通道、副通道，劃分商品區、設備輔助道路，提供「顧客動線」、「服務動線」及「後勤動線」等三種動線。

二、門市環境衛生管理

賣場的環境清潔是非常重要的一環，賣場不僅安排員工負責衛生環境狀況檢查，還要安排管理人員定期巡查，確保環境整潔。不斷改善及加強賣場環境衛生和防治污染管理，才能確保顧客的購物安全及服務品質。面對顧客第一線的賣場，其環境衛生安全如商品保存、商品採購安全、從業人員衛生、環境衛生安全、廢棄物衛生安全、賣場消防安檢安全等，均需要建立一套良善的管理機制，說明如**表3-6**：

表3-6　門市環境衛生管理項目內容說明

項目	內容
食品保存安全	1.熱食食品的管理：即利用發熱燈、蒸汽、隔水加熱等方式，維持溫度的食品之管理，如包子、炸雞等食品，溫度應保持在攝氏60度以上；並標示適當販售時間的管制 2.冷藏、冷凍食品的管理：依規定冷凍食品必須儲存於攝氏-18℃以下、冷藏食品的儲藏溫度則是在攝氏7℃以下，才能維持商品的品質 3.餐飲門市食材料理須符合食品衛生法相關規定
商品衛生安全	1.使用合法來源的食材，並要求業者提供進貨明細及相關證明備查 2.販售政府單位認證合格標章的商品，如CAS、GMP、健康食品標章
從業人員衛生	1.工作時應穿戴整潔工作衣、口罩、帽子等等 2.工作中不得有吸煙、嚼檳榔、飲食等可能污染食品的行為 3.保持雙手乾淨，不得蓄留指甲、塗指甲油及佩戴飾物 4.每年辦理一次員工健康檢查 5定期及不定期舉辦食品衛生或勞工安全講習
環境衛生安全	1.賣場周邊20公尺內公共環境區域清潔維護、綠美化工作 2.業者每月執行大掃除工作 3.每月委外執行截留槽清理工作 4.每月委外執行滅鼠工作 5.每三個月委外執行病媒防治消毒工作
廢棄物衛生安全	1.門市事業廢棄物主要為廢水、廚餘、廢紙箱 2.垃圾應分類集存，應加蓋、並予清除 3.廚餘桶應加蓋，並每日清除廚餘 4.廢棄物清理後，桶及周圍環境應予沖洗保持乾淨 5.處理門市廢棄物應以資源回收為首要考量
廁所衛生安全	1.每日專人負責打掃、清洗，並登記打掃日期及時間 2.廁所內需放置垃圾筒 3.洗手臺應有流動自來水、洗潔劑、烘手器或擦手紙巾
賣場消防安檢安全	1.避難燈檢修：如有故障時，將由管理單位維修及更新 2.滅火器檢查：如故障或需要增設時，將請事務組統一辦理維修及更新 3.系統迴路定檢：如故障時將由營繕組統一發包廠商修護 4.自衛消防編組至少半年實施一次

資料來源：蕭靜雅整理製作。

(一)前場環境安全作業

　　前場是提供商品與服務的最主要區域，除了確保顧客購物的安全，還須注意員工安全的工作環境。為了提供安全的購物環境給顧客，前場就必須做好安全作業防止意外帶來的損失及賠償和商譽受損的問題。前場環境安全作業包括動線安全、商品陳列安全、設備使用安全、裝潢布置安全及地板樓層安全等作業。

(二)後場環境安全作業

賣場的後場設施及規劃其設置功能包括員工生活功能、管理辦功能、進貨倉儲功能，這些功能是每天都在運作的，其安全管理和前場是一樣重要的。

三、防搶、防竊、防騙管理作業

賣場安全大致包括開（關）店的安全、偷竊、搶劫、詐騙、恐嚇事件，以及消防安全、停電、停水、淹水等應變處理。門市營運要能夠正常運作，必須做好針對各種狀況所採取的預防及應變措施，並隨時做好萬全的準備。

(一)防搶管理作業

搶劫是門市可能面臨的人禍之一。由於門市的現金流量大，收銀櫃檯大部分都靠近出入口，容易引起歹徒覬覦進而搶劫。門市在處理搶劫狀況的一般程序是以人員安全為優先，避免刺激歹徒與保持現場的完整性。有關預防門市被搶的應注意事項如下：

1. 店內、店外裝置防盜監視錄影系統。
2. 設置自動報警連線系統、防盜連線警鈴，若遇搶時應及時隱蔽地報警。
3. 加強店內、外的夜間照明，且設置緊急照明系統。
4. 收銀機內只放小額現金，方便找錢即可。
5. 收取的千元大鈔應立即投庫，降低被搶風險。
6. 營業打烊前後做好防盜措施，檢查店內空間死角有無藏匿人。
7. 為預防搶劫，門市內至少應有2名員工一起負責開店及關店的工作。
8. 定期維修門市安全系統，如有監控系統、保全系統、警民連線，應保持正常運作。
9. 預防防搶，對門市內外時刻保持警覺；對於在門市逗留或東張西望的顧客應主動詢問有何需求。
10. 訓練員工注意可疑對象的觀察力，及定期為員工宣導及實施安全訓練、模擬演練，增加防偷防搶應變能力和意識。
11. 店內應設置保險箱，以作為存放現金或貴重物品之用。
12. 遭受搶劫時的正確處理方式為，人員安全優先處理並避免刺激歹徒，伺機立即報警。
13. 發生搶劫意外，應先顧及人身安全並迅速按警鈴，通報保全公司和派出所。
14. 門市安全管理多普遍與保全業者合作，亦可與周邊商家共同成立守望相助互助聯防組織，共同防偷防搶。

(二)防竊管理作業

門市偷竊的發生時機多在顧客很多時，為了避免門市偷竊事件發生，門市服務人員應具備警覺性。門市的偷竊事件多為臨時起意，防範方式是設置監視器。有關預防門市防竊，應注意以下事項：

1.應於門市內的適當位置，裝設防盜鏡或監視器，以有效監控偷竊行為。
2.門市安裝保全系統及張貼警告嚇阻標語。
3.收取顧客的付帳款項後切勿將找零款項置於桌面，應親手遞交給顧客，避免製造犯罪機會。
4.須留心門市內外可疑的人事物，並應時時保有警覺心。
5.發現顧客在門市內未付帳即拆包或食用食品時，應立即告知規定，請先行結帳。
6.當顧客需員工協助或幫忙必須離開時，應提防竊賊趁機行竊。
7.門市或櫃內裝設置物櫃，提供顧客存放私人包包或物品。
8.當警覺顧客有異樣行為時，門市人員可技巧性詢問讓竊者知難而退。
9.避免有店員視線內無法察覺到的死角。
10.僱用員工應注意其品行、操守，以免有監守自盜的情形發生。

(三)防騙管理作業

顧客到門市購物時，常利用機會向店員或收銀員詐騙錢財。門市常見遭遇之詐騙狀況有：偽鈔購物、偽卡盜刷、詐欺取財、假禮券、貨品魚目混珠等不法手段。為防止這些詐騙行為發生，預防措施和處理方式如下：

1.收銀員收取顧客大鈔時須特別注意紙質、顏色、安全線及浮水印，可使用驗鈔筆、驗鈔機或用應視驗假鈔要點，詳細檢查大鈔。
2.收銀員應詳細核對信用卡簽名，如遇金額較大時應先與信用卡公司確認。
3.顧客持大鈔換取大量零錢時，應委婉告知賣場規定，而無法提供兌換零錢服務。
4.顧客結帳並收銀後，才可將商品帶走。
5.確認優待券的內容明細，如無法確認真偽，應立即請示主管。
6.收銀員若負有收貨職責時，應按照正確流程進貨，並取得業主的確認，不可擅自處理應付帳款。
7.門市服務人員因事轉身或暫時離開，應隨時將收銀機抽屜關上。
8.顧客購買大量商品於結帳時，不要任意離開櫃檯及商品，或進倉庫取貨。
9.收銀員收取千元大鈔時，應向顧客覆誦。結帳後，應立即將千元大鈔投庫。
10.寄物服務臺應明示告知消費者，貴重物品應自行保管，賣場不負賠償責任。

四、賣場與消防安全管理

賣場安全與安全管理涵蓋的範圍相當廣泛,大致包括開(關)店的安全、金庫管理、偷竊、搶劫、顧客安全、恐嚇事件、詐騙,以及消防安全、停電、停水、淹水等應變處理。門市營運能夠正常的運作,是每一位門市服務人員衷心期盼的事情。門市安全管理包括:

1. **賣場安全管理作業**:賣場安全管理分為開店作業、門市營業中、打烊作業等三個階段,這些作業應由賣場主管和服務人員負責執行與監督。
2. **員工安全管理作業**:員工安全管理主要目的是保障員工的工作環境安全及降低職業災害。員工安全管理作業應包括進貨、補貨、拆裝、設備器材使用、清潔作業等。
3. **消防安全管理作業**:賣場消防安全管理作業,以消防安全設備、防火避難設施、安全梯間通道堆放雜物等為賣場消防安全重要管理。因此消防安全管理對門市營運管理而言,是非常重要的工作。

火災的發生主要受可燃物種類的影響,且滅火方法亦與燃料本身特性相關。賣場如遇到火災時,門市人員應先行控制災情。因此,員工必須了解火災的特性及選用適當的防火系統。(見**表3-7**)

火災發生的性質一般可分為四大類:油脂類火災、電器類火災、金屬類火災。而依燃燒物質的不同可區分為下列四大類:

1. **A類火災(甲類普通火災)**:指建築物家具等使用的材質,如木材、紙張、棉織物、纖維物、裝飾物品、塑膠、橡膠等固體可燃物質引起的火災。

表3-7　各類火災適用滅火器種類

類別	名稱	燃燒物質	適用的滅火器種類
A類	普通火災	普通可燃物,如木製品、紙纖維、棉、布、塑膠等發生的火災,通常建築物的火災即屬此類	1.泡沫系列滅火器 2.乾粉系列滅火器
B類	油類火災	1.可燃性液體:石油 2.可燃性氣體:乙烷氣、乙氣 3.可燃性油脂:塗料等發生火災	1.泡沫系列滅火器 2.二氧化碳滅火器 3.乾粉系列滅火器
C類	電器火災	涉及通電中的電器用品,如電器、變壓器、電線、配電盤等引起的火災	1.泡沫系列滅火器 2.二氧化碳滅火 3.乾粉系列滅火器
D類	金屬火災	活性金屬,如鎂、鉀、鈦、鋯等其他禁水性物質燃燒引起的火災	乾粉系列滅火器

註:乾粉滅火器有抑制火燄效果及窒息作用,能迅速滅火,故可因應A、B、C、D四大類火災。
資料來源:內政部消防署防災知識網,http://www.nfa.gov.tw,檢索日期:2011年2月10日。

2. B類火災（乙類油品類火災）：指石油類、油漆類、植動物油類、有機溶劑類等可燃性液體，以及液化石油氣、天然氣、乙炔氣等易燃性氣體所引起的火災。

3. C類火災（丙類電器火災）：指如電壓配線、電動機器、變壓器等通電的電氣設備所引起的火災。

4. D類火災（丁類金屬火災）：凡由鉀、鈉、鎂、鋰等可燃性金屬（活性金屬）及禁水性物質所引起的火災。雖然電力是引起火災的原因，但是在火災分類中將電氣火災特別歸為一類，所要強調的是在消防滅火時要注意遭受感電、電擊的意外危險。

消防防災的執行工作包括定期檢修消防安全設備、定期實施防災教育、定期檢修用火用電設施與演習等等。須因應的消防安全措施如下：

1. 正確使用安全門，火災時安全門應保持關閉狀態。

2. 賣場應訂定緊急逃生計畫，明訂逃生路線，員工應納入任務編組，定期舉行逃生演練。

3. 出入口、安全門、樓梯、通道及屋頂平臺應保持通暢。避難標示、出口標示燈和避難梯通常設置於各樓梯間與地下室。

4. 賣場窗戶不能封死，應留多個緊急逃生口，並配置避難器具。

5. 發生火警逃生時11層以上樓層的避難引導，不應搭乘電梯。

6. 賣場所置放的易燃物、電源開關處、出入口附近應放置滅火器，並充分了解使用時機及使用方法。

7. 賣場依規定須經常檢查電器開關及管線，使用檢驗合格品質優良電器，以避免電線走火。

8. 賣場避免使用易燃物做隔間材料，而應使用防火建材。

9. 賣場依容積量控制消費人數，避免火災逃生不易。

10. 賣場各樓層的出入管制，應加強巡邏及加裝閉路監視系統，防止縱火破壞。

11. 賣場應定期、不定期指定專人做安全檢查維護工作。

12. 賣場應加強輔導員工對周遭環境的認識，以利緊急避難逃生，並應定期辦理防震防災演練。

13. 當大型賣場火警警鈴鳴動時，應立即通知消防自衛編組人員查看是否失火，或警鈴遭到誤觸，並同時廣播安撫顧客暫留原地等候進一步通知。

14. 防災應變的教育訓練應書面化，災害與事件處理實例為門市的最佳教材。

顧客安全管理

顧客進入賣場總是希望在一個安全無慮、方便自由的空間享受購物樂趣。門市的安全管理是顧客一道重要的保障，尤其消防、逃生設施與顧客的生命息息相關。其中以燒燙傷是最常碰到的傷害，當顧客於店內發生嚴重燒燙傷時，在呼叫119救護車未來以前可

先實施初期護理,實施沖、脫、泡、蓋、送五步驟。處理程序為:

1. 沖:在燙傷部位立即用流動冷水輕輕沖拭,至少20分鐘。
2. 脫:小心剪開泡在冷水中的衣物或移除覆蓋物及髒污物。在充分浸濕後,於冷水中小心將衣物除去,尤其要在傷處未腫脹前,小心把戒指、手錶、皮帶或鞋子等脫除,以防腫脹後無法拔除,而造成肌肉壞死。
3. 泡:將受傷部位浸泡在冷水中20分鐘。燒傷部位以清潔的流動冷水輕輕沖或浸泡,如果持續疼痛,可延長沖浸時間,若無冷水,可用無害冷液體代替。
4. 蓋:以乾淨毛巾或無菌紗布、布條或棉質衣物覆蓋傷口。如果手部或腳部受傷,可使用枕頭或棉被將受傷部位墊高,須高於心臟部位。
5. 送:立即送往醫院緊急處理。

五、災害的處理

賣場對於災害的處理,如何事先做好災害預防措施,避免人員災害與財物損失是賣場安全管理的重要課題。因此門市災害預防工作應建立緊急通報系統,安全相關及重要設備要做定期檢修、緊急應變計畫的制定演習活動。無論是天災或不可抗力事件的狀況,在恢復現場前須先完成清理作業。

各項意外事件的處理有:(1)防颱應變措施;(2)地震應變措施;(3)停電應變措施;(4)火災應變措施;(5)淹水應變措施;(6)防搶應變措施;(7)偷竊應變措施;(8)詐騙應變措施;(9)恐嚇應變措施等;茲列舉說明於後。

(一)防颱應變措施

當發布颱風消息時,如何做好完善的防颱措施,以便在颱風來襲時,確保門市人員與顧客的安全,同時減少門市設備及商品的損壞,使門市的損失減少到最低程度。其採取的預防措施及處理原則如下:

1. 檢查固定賣場四周硬體設施的安全性。
2. 疏通賣場四周所有排水溝,以防阻塞及倒灌。
3. 排除外圍空間的雜物擺放,招牌懸掛須牢固、安全。
4. 保持門市進出口暢通,並排除騎樓機車停放,與門市的玻璃須留間隔,切勿緊靠。
5. 檢查賣場樓層逃生出口的暢通性。
6. 檢查電器設施及切換開關的運作正常。
7. 檢查賣場的自動照明設備,確保功能正常使用。
8. 檢查發電機、抽水機、排水系統及室外排水溝之疏通工作。
9. 提醒員工注意上、下班安全,風雨過大勿騎機車,可由公司支付全額車資。

10.確認營業用品的庫存數量，兼顧廠商送貨安全及門市正常營運。

11.注意颱風及豪雨的最新動態。

12.須於收銀臺備妥手電筒與蠟燭，以備急需。

13.暫停所有進貨、補貨作業，全力做好防災工作。

14.門市遇有淹水情況，應立即拔除插頭或關掉總電源。

15.依災情狀況迅速回報主管人員，請示暫停營業。

(二)地震應變措施

臺灣地區地震頻繁，賣場平時應做好防震的應變措施。由於賣場為開放的空間，其設備、貨架及物品在平時就須留意是否牢靠，貨架的使用上商品的堆放不宜太高，並遵守商品置放原則，以免掉落傷人及損壞，如遇地震發生容易危及人員安全。

地震發生容易危及門市服務人員的安全與設備和商品的損失，為了預防突來的地震，門市平時應做好應變措施，隨時留意機儀設備、貨架及商品推放的穩固度。地震應變預防措施及處理原則如下：

1.地震發生時，員工應保持鎮靜，不要慌張，並大聲提醒周遭人員以保護自身安全為首務，勿慌張進出建築物，遠離窗戶、玻璃、吊燈、巨大家具等危險墜落物，就地尋求避難點。

2.維護現場顧客安全並安撫情緒，就地尋求避難點，以免窗戶、玻璃、吊燈、貨架等危險墜落物，造成傷害。對於心生恐懼手足無措的消費者給予安撫，並請隨行友人陪伴進行疏散。

3.隨手關閉使用中的電源及火源，如瓦斯、水錶電盤總開關及電器室高壓總開關等，以避免引起火災，造成更大的災害。

4.檢查消防水管及消防用幫浦，若有漏水或移位現象應立即關閉，並將A、B、C乾粉滅火器置於明顯處以因應緊急之需。

5.賣場在高樓時，宜就所在樓層尋找庇護所，將電梯停止於原樓層或於最近樓面停止，並安排專人排除可能有電梯關人的狀況。地震易造成停電，勿使用電梯，以免受困。

6.於現場尋求軟墊或利用衣物保護頭部，尋找堅固的庇護所，如堅固的桌下、牆角、支撐良好的門框下。

7.賣場人口眾多，勿擁向太平門、出口樓梯，以免造成人群擁擠傷害。

8.門市應先打開門窗確保逃生出口通暢，避免門窗因強震過後變形，無法開啟，阻礙逃生機會。

地震發生後的處理原則如下：

1.迅速調查災情，將災害損失初步調查統計資料，通知店長或公司總部。

2.清除賣場區內外廢棄物，協調衛生機關實施災區環境消毒工作。

3.收聽災情報導，留意餘震之發生與防範。

4.檢討門市應變及相關設施的缺失，並進行改善計畫。

(三)停電應變措施

停電對於門市經營會產生極大的困擾，若停電時間較長，對於門市低溫冷藏、冷凍之食品等，將造成食品變質及商品報廢的嚴重損失。門市服務人員面對停電的危機，應當學習相關的應變措施與處理方法，以降低所造成的損失。停電應變預防措施及處理原則如下：

1.門市停電日期及時間須於事前公告於門市出入口，讓顧客先行獲知停電訊息。

2.停電時應將電源開關做適當的關閉動作，避免在恢復供電時，所有電源同時啟動，避免斷路或瞬間電力激增造成的高電費。

3.事前準備足夠的發電機，以利當日賣場供電正常。

4.門市於停電時所進行的交易，應記錄每筆交易購買明細，並在恢復電力後，依門市紀錄逐筆輸入收銀機中，並列印發票。

5.停電時顧客所購買的商品，可利用人工結帳以手開發票完成買賣。

6.如發電機無法正常供電，應暫停機電性的設備之使用，並將冷藏、保溫的商品，做事先處理。

(四)火災應變措施

賣場發生火災時，門市人員務必保持冷靜，依火災應變預防措施及處理原則：

1.每一位員工都須熟練各種滅火機的使用方法，知道如何報告火警與逃生，並記住滅火機的放置位置。

2.如發現火災，應嚴守先發警報而後救火的原則。

3.火災發生時必須立即通知消防人員、主管及總公司。

4.火災發生時，應以最短時間內應用現有的消防設備，立即展開救火。

5.在火災現場應先救火，財物次之，並盡力救人，但不要忽略自己的安全。

6.保持鎮靜，立即判斷火災的大小，立即停掉所有工作，並呼叫顧客及人員疏散。

7.迅速取得滅火器或其它適當的滅火裝置（如滅火毯、水等），進行滅火工作。

8.依循安全路線疏散人員，進入樓梯間後，隨手將安全門帶上，疏散時不應使用電梯，以免意外停電。

9.疏散過程中，若顧慮會通過濃煙區，要隨手帶濕毛巾掩住口鼻，同時最好以伏地前進法通過濃煙區。如果為夜間須將手電筒帶上，以便照明疏散。

10.門市服務人員或各避難編組負責的安全人員，應攜帶必要的緊急安全用品（如防毒面具）協助顧客疏散。

11.疏散時，最好往相同地區集中，並注意有無同伴仍陷於火場，以提醒救火人員注意尋找。

12.等待警報結束後，再回現場收拾善後。

13.店長或安全管理部人員須會同相關負責人員共同檢討意外發生原因，作成報告，為日後之參考。

(五)淹水應變措施

門市遇到颱風季節應做好預防淹水的措施，其一般預防措施及處理原則如下：

1.看板招牌要固定牢靠，櫥窗玻璃貼上寬膠帶，以免破裂時碎片傷人。

2.低層貨架商品移至較高位置擺放。

3.門市重要報表、單據、發票要裝箱封好，以免丟失或滲水。

4.關掉總電源，防止電源漏電傷人。

5.倉庫商品移至高處存放，並注意水位滲入的防患措施。

6.水位消退，須請維修人員徹底檢視設備、總開關、電機臺等是否安全，才可開機運轉。

7.檢查貨架商品或冷藏、冷凍食品是否須報廢或清洗，並快速整理商品以便恢復營業。

(六)防搶應變措施

為了避免門市遭搶劫，其應變措施應加強現金流量的管制、設置說明店內無大量現金的標示、加強商店內外的能見度、逃脫路線的管制、使用保全系統、設置警察巡邏箱、提高員工的警覺性、保持店內整潔等。事先防搶事項如下：

1.夜間門市勿存放過多的現金於櫃檯或保險箱，只留存有限的現金使用。

2.門市在夜晚營業時間應安排最少2位服務人員為最有效的防搶策略，可避免人少被搶的危機。

3.裝置與警察單位或保全管制中心連線的警報，警報必須讓在場工作人員容易啟動。

4.工作人員應不定時巡護門市狀況。

5.門市周圍應有防範入侵的強化設備，並於圍牆外裝置充分燈光。

6.在門市內儘量減少看不見的死角，以防搶匪躲藏或趁虛而入。

7.門市應裝設有警報系統及監視錄影機。

(七)偷竊應變措施

門市發生的偷竊行為有結帳後夾帶未結帳的商品、偷走未付款的商品、順手偷拿收

銀櫃檯的現金、佯稱忘記付款而離開門市、商品未經付帳便打開使用等等。為防止發生這些偷竊行為，一般預防措施及處理原則為：

1.裝設防盜鏡和監視系統於門市內各賣點區的適當位置，可有效監控偷竊行為。
2.門市人員進行補貨作業時，應就近觀察嫌疑者的動態。
3.顧客在門市私自打開商品包裝時，可立即告知門市規定，請先行結帳在使用。
4.收銀人員親手接收顧客的付帳款項，找錢後應親手遞交給客人，避免製造偷竊的機會。
5.服務人員勘查門市時，如警覺顧客有異樣行為時，可技巧性問候有何需要，讓偷竊者知難而退。
6.當確認顧客在賣場有偷竊行為時，應現場予以揭發，並報警處理。
7.在門市明顯處張貼警示標語或明示檢舉獎勵辦法，以防阻偷竊。
8.於門市出入口明確標示，讓顧客依序由出口處結帳離去。
9.門口或櫃檯旁裝設置物櫃，提供顧客存放物品。
10.門市人員應經常演練突發事件的應變能力或教育訓練。

(八)詐騙應變措施

顧客到店內購物會利用機會向門市人員或收銀員詐騙錢財。一般顧客的詐騙手段有持偽鈔購物、信用卡盜刷、以少騙多、兌換零錢、調虎離山、持假優待券、謊稱商品已結算、假藉寄物謊稱遺失貴重物品進行索賠等不法手段。一般預防措施及處理原則如下：

1.收銀員可使用驗鈔筆或按照驗假鈔要點，詳細檢查大鈔。
2.收銀員詳細核對信用卡簽名，金額太大應先與信用卡公司確認。
3.確認優待券的內容明細，如無法確認真偽，應立即請示主管。
4.服務臺應明示告知消費者，寄放包包或提袋等貴重物品應自行保管，賣場不負賠償責任。
5.結帳收銀後，須親自將商品遞交給顧客。
6.收銀機抽屜應隨時關上，離開現場時並應上鎖。
7.收取千元大鈔時，應覆誦並檢測；結帳後，千元大鈔應立即投庫。
8.顧客大量購買商品，不要隨意離開櫃檯或進入倉庫取貨。
9.發現顧客持有偽鈔的嫌疑，收銀員應詳細檢查後再婉轉告訴顧客，請他換鈔付款或用信用卡付款。

(九)恐嚇應變措施

賣場的立地目標較明顯，不法分子常借由電話或信件恐嚇店家。如恐嚇下毒、謊報

放置危險品、縱火、言語暴力等。一般的預防措施及處理原則如下：

1. 服務人員應避免言語的衝突，表明自己只是職員。
2. 門市人員視情況嚴重性，採取拖延手法並請警察人員到店處理。
3. 遇勒索者以電話方式恐嚇，應以錄音追蹤。
4. 嫌犯若以人身安全為恐嚇手段時，應即報警。
5. 設法記下對方的特徵，並立即呈報主管，請求協助與幫忙。

工作項目 09 職業道德

一、職場倫理

「倫理」是指人與人之間相處的常理，為人的倫常觀念與人倫道理。倫理是人們基於理性上的自覺與人的各種關係，而制定出彼此間適當的行為標準，如家庭倫理、社會倫理、職場倫理、校園倫理等。

職場倫理是指人們在職場上與成員間應有的正常關係和禮儀，如對新進同仁給予適時協助、同理心地考量別人的立場、與同事相處應注意禮貌相互支援、與主管相處應保持自然、遵守公司規定、他人對自己的批評應虛心接受，上述這些均是門市服務人員應遵守的職場倫理。

「公司」與「員工」的職場倫理有：

1. 公司應有的職場倫理：
   (1) 公司對於員工的權益、福利，應遵法律規定予以妥善照顧。
   (2) 公司應予以員工公平的升遷管道。
   (3) 公司應以合理的方式調整員工薪資。
   (4) 公司資遣員工時應依規定發放相關費用。
   (5) 公司應提供安全、衛生的工作環境。
   (6) 公司應提供員工適當的進修機會，協助員工做好生涯發展。
2. 員工應有的職場倫理：
   (1) 員工應了解公司的組織結構，理解其倫理次序。
   (2) 員工應熟悉公司各項管理規章。
   (3) 員工對於權益、福利的爭取，應循合法管道。
   (4) 員工應遵守勞動契約和工作規則的規定。
   (5) 員工對於公司的管理文件應負保密責任。
   (6) 員工要守紀、敬業、保密、戒慎、廉潔、誠信、合作、惜物等，嚴守職責，善盡本份。

二、職場道德

(一)敬業精神

敬業精神是指追求工作卓越而應遵守職業道德操守的精神而言。能培養守法、守時、守分、守信、守密的職業觀念；能在工作中養成負責勤勞、認真細心的習性，對自己的職業有強烈的責任感且堅守崗位；能愛物惜物，忠於工作，以最安全、負責、有效的方法完成工作；能具職業敬業的理念及重規團隊精神的發揮，以最和諧的氣氛進行工作；能充分有效地與有關人員協助溝通並能適時圓滿地配合相關工作。

(二)職業道德

「道德」是人類品行與行為的卓越表現，主要是指人們關於善與惡、真與假、正義與邪惡、公正與偏私、誠實與虛偽、榮譽與恥辱等觀念，以及與這些觀念相適應的、由社會輿論和人們的信念來實現的行為規則體系。而職場道德是指個人在工作職場所應具有的職業道德和工作規範，符合職業特點要求的道德準則、道德情操與道德品質。

在職業活動中的體現，其基本要求是忠於職守，並對社會負責，因此有「工作倫理」即「職場倫理」、「職業道德」，企業界稱為「企業倫理」。一個公司講求的無非是績效，但往往能增進績效的關鍵，不在工作能力，而是與職業道德有關。如敬業精神、專業能力強、學習能力強、可塑性高、團隊合作、工作穩定性高、能配合公司發展規劃，並具有解決問題的能力、創新能力，及具有國際觀。

職業道德是任何人在從事各行各業時，一個人的行為舉止受到內在與外在不同的約束力，能夠遵照道德規範和行為準則而任職，而不是為了貪圖一己之私，做出傷天害理、損人利己之事。在職場上，無論是對自己、公司、主管、同事、客戶之間，其基本要求是忠於職守，並對社會負責。職業道德可分為對自己、對群體兩個部分：

1. **對自己（內在）**：對自己的要求，包括敬業態度、責任感、誠信、守法、守密、互助合作等。此外，利用管理四用努力學習、充實自我，保持樂觀進取的心態，以及勇於面對挑戰的精神，將有助於克服工作上所遭遇的困難，爭取成功的機會。

2. **對群體（外在）**：群體指的是上司、部屬、顧客、同事、社會與大自然。如身為員工，對群體要能秉持職場倫理，時時為公司與顧客的利益著想，並負起社會責任，關懷生態環境；身為企業經理人，必須把企業定位在有原則的追求利潤，同時推動良性的社會變遷，重視社會關懷的精神。

(三)職業素養

職業素養，指專業知識、專業技能和專業能力等與職業直接相關的基礎能力和綜合

素質。每個勞動者，無論從事何種職業，都必須具備一定的思想道德素質、科學文化素質、生理素質和心理素質等。下列為一般職業素質的要求：

1.公司內部機密資料與文件應善盡保密義務。

2.因自我疏失而導致公司受損時應必須向主管報告。

3.代表公司處理業務的業務人員，經手的事務須確實回報。

4.在公司中經手的顧客資料必須保密。

5.與主管相處應保持自然遵守公司規定。

6.與同事相處應注意禮貌相互支援。

7.代理同事工作時應確實了解職務內容善盡責任。

8.對待新進同事應適時協助。

9.互助合作提高工作效率。

10.保持正面開朗的工作態度可建立良好人際關係。

11.工作時的情緒管理應隨時調適至正面心態。

12.聽見他人對自己的批評應虛心接受，有則改之，無則自勉。

13.以同理心設身處地考量別人的立場。

14.要離職前，還是做好份內的事務，這是敬業的表現。

15.離職後對前公司機密事務應保守機密。

第四篇
學科題庫測試與
解析

工作項目 01 零售概論

(　) 1. 零售業的型態,下列何者為非?(1)購物中心　(2)百貨公司　(3)商店街　(4)小吃店。　❹

解析 零售業具有前、後場及收銀系統等服務作業,不包括小吃店。

(　) 2. 零售商在行銷通路所扮演的角色為何?(1)增加產品和服務的價值　(2)掌握學習曲線效應　(3)公平交易　(4)風險承擔。　❶

解析 零售商主要就是要增加產品和服務的價值。

(　) 3. 零售功能下列何者為非?(1)採購　(2)商圈發展　(3)運輸　(4)融資。　❷

解析 零售業無法控制商圈發展。

(　) 4. 下列何者為門市銷售者對商品認知最基本的能力?(1)市場發展的趨勢　(2)商品種類和數量　(3)商品規劃成敗　(4)市場目標策略。　❷

解析 門市銷售最基本是要管理好商品種類與數量,才可以創造營業業績。

(　) 5. 下列何種零售型態的成員為專賣店和連鎖商店等,並且可以讓消費者一次購足?(1)百貨公司　(2)購物中心　(3)便利商店　(4)批發商。　❷

解析 只有購物中心才可以讓消費者一次買齊所需商品。

(　) 6. 下列描述量販店的定義何者為非?(1)賣場面積需大於500坪小於1000坪　(2)具有足夠的停車位　(3)採自助式服務　(4)販售商品價格具競爭性。　❶

解析 量販店的面積最少都超過1000坪以上,其餘答案合理適宜。

(　) 7. 下列何項並非依所有權型態區分的零售業?(1)獨立商店　(2)加盟連鎖商店　(3)專櫃　(4)網路零售。　❹

解析 網路零售並沒有實體店面,不具有所有權。

(　) 8. 零售業的特質下列述敘何者為非?(1)多採現金交易　(2)販售商品多樣化　(3)注重促銷　(4)營業時間不長。　❹

解析 零售業營業時間現在都以24小時營業者居多。

(　) 9. 針對零售的定義下列描述何項為非?(1)銷售對象為最終消費者　(2)零售不包括無形的產品　(3)零售可藉由無店舖方式銷售　(4)零售工作不一定由零售商來做。　❷

解析 零售業也會銷售無形的商品,例如保險、代收費用、宅配等。

(　)10.在臺灣常可見許多標榜著「複合式」商店的名稱，所謂的複合式商店 ❸
是指綜合多種不同業種或業態的零售店，以下何者為其經營的特性？
(1)節省成本　(2)銷售毛利低　(3)可用以調節淡、旺季的明顯差別
(4)供應的不穩定性。

解析 複合式商店可以在不同季節調整營業項目，增加營運績效。

(　)11.於零售概論中所謂的自動販賣機，是指利用機器（自動販賣機）來販 ❶
賣商品的無店面銷售，以下何者為其經營特性？(1)自有通路的建立
(2)商店定位較模糊　(3)存貨成本高　(4)商品價格以中高價位為主。

解析 自動販賣機的特色為自有通路的建立、便利及節省成本，可24小時
營業，不必僱請店員看管，是屬於低價、低成本商品。

(　)12.下列何者不在直效行銷（direct marketing）的範圍內？(1)型錄郵購 ❸
(2)網路商店　(3)店舖銷售　(4)電視購物。

解析 直效行銷屬於透過媒體產生消費型態，店舖銷售不會。

(　)13.零售組織可依店面有無來分類，下列何者非「無店面零售」？(1)網路 ❷
零售　(2)傳統菜市場　(3)自動販賣機　(4)郵購型錄。

解析 傳統菜市場是有實際店面販售，不屬於無店面零售。

(　)14.對於直營連鎖與加盟連鎖的經營特性下列哪一項是對的？(1)二者的所 ❹
有權皆由總公司擁有　(2)加盟主在開店前準備的財務較直營所負擔的
重　(3)直營是依契約內容來控制分店的商品策略與管理　(4)加盟店可
能因壯大而想脫離，與加盟主會有潛在的利益衝突。

解析 (1)所有權直營由總公司，加盟連鎖由加盟主；(2)加盟主開店前雖須
負擔加盟金，但實際拓展的商圈評估、展店費用、人事成本、廣告
宣傳、教育訓練等都由總公司負擔；(3)直營店所有權歸總公司，因
此沒有契約可直接控制管理。

(　)15.下列何者非直效行銷（direct marketing）的經營特性？(1)採購成本較 ❶
高　(2)涵蓋較大的地理範圍　(3)人事成本低　(4)消費者對交易安全仍
有顧慮。

解析 直效行銷成本較低，才容易推銷。

(　)16.下列何者不屬於有店面的零售業？(1)百貨公司業　(2)超級市場業　(3) ❹
零售式量販業　(4)電子購物。

解析 電子購物屬於無店舖的零售業。

（　）17.下列何者不是超市的優點？(1)比便利商店更具有便利性及彈性　(2)提供舒適的購物環境　(3)自助服務　(4)商品齊全，規格完善。　❶

解析 便利商店提供更便利的服務，營業時間也較彈性（24小時）。

（　）18.下列何者非流通業的四種主要活動？(1)金流　(2)物流　(3)資訊流　(4)通訊流。　❹

解析 流通業四流為：金流、物流、商流、資訊流。

（　）19.下列何者不屬於自助式銷售？(1)超級市場　(2)便利商店　(3)量販店　(4)專賣店。　❹

解析 專賣店有專人服務，並非自助式銷售。

（　）20.下列何者不是組織化零售業？(1)自願連鎖　(2)特許加盟連鎖　(3)消費合作社　(4)零售商合作連鎖。　❸

解析 消費合作社是以當地社員為基礎的店鋪，通常只為了利益合作，服務對象僅限社員。

（　）21.零售商在決定庫存平衡時，哪一項不是權衡考量的因素？(1)重複性　(2)多樣性　(3)齊全性　(4)服務水準。　❶

解析 商品的多樣化、齊全性、服務水準可以提供顧客更好的消費機能，商品重複性太高反而不好，容易滯銷，也不能使庫存平衡。

（　）22.以下何者非零售商所具備的機能？(1)商品選擇機能　(2)商品製造機能　(3)物品種類構成機能　(4)庫存維持機能。　❷

解析 商品製造機能屬於製造商。

（　）23.下列何者非專門店的經營特色？(1)特定領域的商品線　(2)商品線窄而深　(3)商品組合十分充實　(4)商品價格定價昂貴。　❹

解析 專門店不一定賣的都是價格昂貴的商品，也可能有低價促銷品。

（　）24.由總部百分百投資經營管理的稱為：(1)直營　(2)特許加盟　(3)志願加盟　(4)個人商店。　❶

解析 直營店的所有權及經營權都屬於總部。

（　）25.下列何者非企業外資訊？(1)動向調查　(2)競爭狀況分析　(3)商圈分析　(4)庫存管理。　❹

解析 庫存管理系統屬於企業內部資訊。

（　）26.下例何者非共同採購的優點？(1)因大量採購降低採購成本　(2)確保商品差異化，品質優良且價格適當　(3)根據商品設定開發原始商品　(4)　❷

提高連鎖店的競爭力。

> **解析** 共同採購就是要相同商品才能夠大量採購，其優點是降低成本。

( ) 27.下列何者非「未來」的購物資訊提供方式？(1)會員制的資訊散發策略 (2)加強與直接銷售結合的廣告方式 (3)到處張貼發放海報DM (4)利用人的銷售展開新的市場情報。 ❸

> **解析** 到處發放海報會影響髒亂，也耗費人力財力。

( ) 28.越來越多零售業者會設立自有品牌，請問下列何者非設立自有品牌的優點？(1)加強商店個性、特徵 (2)提高商品信用度 (3)處理的單位數量增加 (4)銷售活動效率化。 ❸

> **解析** 設立自由品牌才能突顯個性化商品、提高信用程度、也可自行決定銷售模式，促使業績提升。

( ) 29.下列有關於零售業態的特色何者有誤？(1)零售業以販售商品予中間商為目的 (2)零售業以販售商品予消費者為目的 (3)零售活動是重要的經濟指標之一 (4)零售業應以顧客需求為經營策略之一。 ❶

> **解析** 零售業主要販售給消費者，並非中間商。

( ) 30.下列何者不是零售業型態的分類？(1)有店舖銷售、無店舖銷售 (2)面對面銷售、自助式銷售 (3)大盤商、中盤商、批發商 (4)綜合零售、專賣零售。 ❸

> **解析** 大盤、中盤、批發商並非零售業型態的分類。

( ) 31.下列何者非超級市場的業態特色？(1)特定領域的商品線 (2)自助式商店 (3)以銷售商品為主 (4)非食品類的商品比例較小。 ❶

> **解析** 超級市場提供選擇的種類較多。

( ) 32.「產品線狹窄，但各產品種類齊全，產品搭配頗深」是下列何種零售商類型？(1)超級市場 (2)百貨公司 (3)專賣店 (4)便利商店。 ❸

> **解析** 產品線狹窄是說，只販賣同一業種的商品，但商品種類又齊全，可以搭配的樣式多變，是指專賣店，例如服飾店。

( ) 33.下列何者非零售行銷通路中的效益？(1)增加物流配送效益 (2)與顧客有良性的溝通 (3)商品價格提升 (4)增加產品與服務的附加價值。 ❸

> **解析** 行銷通路中不會增加產品的價格，售價是由製造商依成本而定價的。

( ) 34.關於下列敘述何者有誤？(1)直效行銷源自於郵購與型錄行銷 (2)電子 ❸

購物及電話行銷均為直效行銷　(3)電視購物不屬於直效行銷　(4)直效
行銷多採一對一銷售方式。

> **解析** 直效行銷屬於透過媒體產生消費型態，電視購物也是。

（　）35.丹丹漢堡集點送墾丁渡假村折價券，以提升雙方業績的作法，這是哪
一種結盟的方式？(1)委託結盟　(2)異業結盟　(3)同業結盟　(4)分散
經營風險。　❷

> **解析** 丹丹漢堡是屬於餐飲業，墾丁渡假村是屬於觀光旅遊業，兩者合作
> 關係稱為異業結盟。

（　）36.零售業依經營型態來分，下列何者為非：(1)獨立商店　(2)便利商店
(3)專賣店　(4)百貨公司。　❶

> **解析** 獨立商店無法以經營型態來分，因其屬於業種（行業種類）區分。

（　）37.下列何種非設立獨立商店的優點？(1)自主性較高　(2)能夠達到經濟規
模　(3)各種營運的投資成本低　(4)可以提供個人化的商品或服務。　❷

> **解析** 獨立商店只能單店進貨，無法達到一定的經濟規模。

（　）38.下列何者非以量販店的型態經營？(1)家樂福（Carrefour）　(2)好市多
（Costco）　(3)特易購（Tesco）　(4)屈臣氏（Watsons）。　❹

> **解析** 屈臣氏為零售商店經營模式。

（　）39.以下哪一種零售業態已逐漸式微即將被市場淘汰？(1)百貨公司　(2)購
物中心　(3)雜貨店　(4)量販店。　❸

> **解析** 雜貨店屬於單店經營模式，無法達到經濟規模。

（　）40.零售業態的經營方式可依下列方法做區分，下列何者為錯的？(1)依所
有權劃分　(2)依消費者接觸之有無做區分　(3)依經營策略做區分　(4)
依營業額做區分。　❹

> **解析** 營業額的多寡並不能區分經營型態。

（　）41.下列何者為便利商店的特徵？(1)產品高單價　(2)產品多樣多量　(3)食
品銷售占總營業額的50%以上　(4)個性化的購物空間。　❸

> **解析** 便利商店並非50%以上販售食品，也有生活用品、代收稅款等。

（　）42.何謂零售管理？(1)為獲取最大利潤、追求某一水準的投資報酬率為目
標　(2)生產者將產品或服務移轉至消費者的過程中，所有取得該產品
所有權或協助移轉所有權的機構或個人所形成的集合　(3)為了以克服
交換的障礙來增加價值，零售商所使用的各種不同方法及商業活動　❸

(4)將品質提升到經營層面，以滿足顧客為最終目標，意即以品質來經營企業、塑造新企業文化。

解析 零售管理是指產品透過零售商，銷售給最終的消費者之間的過程，包含賣場、商品、人員、存貨、銷售、技術管理。

(**3**) 43.下列何者不是異業合作？(1)頂好惠康超市接手力霸百貨衡陽店　(2)天仁茗茶在中秋節推出茶月餅，月餅搭配茶葉禮盒　(3)統一企業將統一食品捷盟行銷與7-ELEVEn、家樂福整合起來　(4)中國信託每月寄「貼心折價券」到卡友家中，只要在指定的商家刷卡，就可以使用折價券。

解析 家樂福也算零售業，因此不能算是異業合作。

(**2**) 44.製造商和批發商為節省運輸成本，產品通常整箱運送，零售商則以較小數量的產品展示，以方便顧客選購，是屬於企業功能的哪一項：(1)提供各色具備的產品　(2)將產品數量由大化小　(3)增加產品與服務價值　(4)提供顧客服務。

解析 採用數量較小的方式銷售，是將產品數量由大化小。

(**2**) 45.增加配送效率與和顧客做良性的溝通，扮演了零售裡的哪一種功能？(1)提供顧客服務　(2)增加產品服務的價值　(3)提供訊息給製造商、批發商、其他單位或個人　(4)提供各色具備的產品。

解析 提高配送效率、與顧客交流溝通，都是讓產品增加價值的做法。

(**3**) 46.零售商可提供信用、包裝、送貨、修理、保證、退貨是屬於零售的哪項功能？(1)提供訊息給製造商、批發商、其他單位或個人　(2)提供各色具備的產品　(3)提供顧客服務　(4)增加產品與服務的價值。

解析 將商品提供包裝、配送、維修等，都是屬於商品的服務項目。

(**1**) 47.零售商擔任製造商與消費者之間的橋樑，故在行銷通路上可能扮演的角色，以下何者為非？(1)決定商品行銷的媒體組合　(2)將產品數量由大化小　(3)增加產品與服務的價值　(4)提供消費資訊予製造商。

解析 零售商只能決定商品行銷手法，商品組合是由總公司行銷部決定。

(**4**) 48.以下哪一個選項不屬於零售管理功能的範疇內？(1)採購　(2)儲存　(3)銷售　(4)產品開發。

解析 零售商品可採購、儲存、銷售，但不包含產品開發。

(**3**) 49.何者屬於行銷通路中的最後階段？(1)製造商　(2)批發商　(3)零售商　(4)消費者。

解析 零售通路：製造商→批發商→零售商。

(❷)50.以下關於零售商在行銷通路中所扮演功能之描述，何者為非？(1)將產品數量由大化小　(2)開發市場上尚未出現的新產品　(3)提供顧客服務　(4)增加產品與服務的價值。

解析 零售商無法開發新產品，只有販售流通的功能。

(❹)51.關於零售管理功能的「提供多樣化的產品」，以下哪一個選項不符合？(1)頂好超市販售多種類的日常生活用品　(2)特易購量販店販售較大量且多元化的商品　(3)阿瘦皮鞋販售比一般店面更多具備機能性的皮鞋　(4)7-ELEVEn便利商店推出購物滿77元贈送Hello Kitty磁鐵一個。

解析 贈送磁鐵只有屬於單一產品的優惠，不算是多樣化。

(❹)52.關於零售管理的功能，以下描述何者為非？(1)儲存　(2)提供顧客服務　(3)增加產品與服務的價值　(4)提供單一的產品。

解析 零售管理不只是提供單一的產品，而是要滿足廣大消費族群。

(❸)53.要將綠色行銷觀念融入公司體系中，必須建立幾個重要步驟，以下何者為非？(1)確定可運用資源　(2)規劃發展和執行綠色行銷改革的過程　(3)只需建立穩固的高層共同認知　(4)確定高階管理要兌現他們對綠化的承諾，並以身作則。

解析 綠色行銷不能只有高層人員熟知，應該全體企業都要了解。

(❶)54.以下何者為非？(1)綠色行銷和傳統的社會行銷關注範圍皆是全球而非特別幾個　(2)綠色行銷較有長期性的開放式遠景　(3)綠色行銷著重於自然環境　(4)綠色行銷重視的基本價值超過社會使用價值。

解析 傳統社會行銷無法關注到全球，只能關注附近地區或幾個商圈。

(❹)55.e化關係行銷（eCRM）的競爭優勢，以下何者為非？(1)提升忠誠度　(2)增加營業額　(3)精簡成本　(4)透過販售顧客相關資料增加收入。

解析 販賣顧客資料來增加收入並非是競爭優勢。

(❹)56.下列何者非網路行銷的優勢？(1)無國界之分　(2)可全年24小時不間斷的行銷傳播　(3)資料內容可隨時更新　(4)不具有互動性。

解析 網路行銷可能無法隨時互動，因此不算是優勢。

(❷)57.企業在設計、生產、包裝時，降低商品不利於環境保護的因素，並強調以建立環保為訴求的服務導向，進而引導消費者加入綠色消費的行銷方式稱之為：(1)關係行銷　(2)綠色行銷　(3)服務行銷　(4)網路行銷。

解析 以環保意識為出發點的行銷導向模式，屬於綠色行銷。

( ) 58.綠色企業具備的特質下列何者為非？(1)積極主動的　(2)短期導向的　**❷**
(3)具整體觀的　(4)相互依賴的。

解析 主張環保意識並非短期內就可以達到效果。

( ) 59.下列哪一項不是零售業？(1)Ebay上拍賣的哈利波特小說　(2)飛機上推　**❷**
著免費餐車的空中小姐　(3)7-ELEVEn店裡的預購目錄　(4)街上推銷
產品的直銷人員。

解析 零售就是要有推銷出售的動作，機上餐車是屬於免費服務。

( ) 60.業種與業態最大的差別在於業態是以什麼而劃分的行業？(1)經營型態　**❶**
(2)商品種類　(3)產品線深度及廣度　(4)品牌。

解析 業種是商品種類區分，業態是經營型態區分。

( ) 61.業種基本上是一種什麼樣的概念？(1)行銷　(2)銷售　(3)社會行銷　**❷**
(4)一對一顧客行銷。

解析 零售的業種（行業種類）指的就是商品的銷售。

( ) 62.零售店發展最重要趨勢是？(1)連鎖化　(2)整合化　(3)地區化　(4)商　**❶**
品化。

解析 企業的連鎖化是可以推動零售店的知名度與普及率，進而達到業績
提升。

( ) 63.全臺灣最早出現的業態是？(1)百貨公司　(2)超級市場　(3)量販店　**❶**
(4)便利商店。

解析 臺灣最早在民國54年開設第一家百貨公司，集結了數十種業種，形
成大型商圈。爾後，民國58年開設超級市場，民國67年開設連鎖便
利商店，民國77年開設量販店。

( ) 64.在同一商圈之內，店與店之間有互斥力也有互相吸引的能力，此種相　**❸**
互吸引的能力被稱為？(1)競爭效用　(2)月暈效果　(3)競合效果　(4)
損失迴避原則。

解析 因為彼此競爭才可以吸引到顧客上門光顧，是競合效果。

( ) 65.下列何種商店最適合開在上班動線上？(1)精品店　(2)便利商店　(3)早　**❸**
餐店　(4)咖啡店。

解析 早餐店屬於上班人潮，因此適合開在上班路線。

（　）66.賣場服務人員總是儀容整齊，穿著制服，請問這屬於賣場活性化中的哪一項？(1)視覺活性化　(2)聽覺活性化　(3)嗅覺活性化　(4)味覺活性化。　❶

解析 整齊的制服映入眼簾，是屬於視覺的感受。

（　）67.「不二價」策略可以說是19世紀流通業中的創新經營方式，請問不二價是由哪一個國家的百貨公司所提出？(1)美國　(2)法國　(3)德國　(4)日本。　❷

解析 法國提出不二價的策略。

（　）68.零售業發展的最大限制在於？(1)土地　(2)商圈　(3)資金　(4)技術。　❷

解析 商圈的大小能夠決定零售業發展的情況。

（　）69.目前臺灣什麼業態最具發展條件？(1)製造業　(2)紡織業　(3)電子業　(4)商業服務業。　❹

解析 商業服務業才是最具有發展條件的行業。

（　）70.連鎖加盟店建立一致性品質及共通性的技術之三S原則不包括：(1)簡單化　(2)同步化　(3)標準化　(4)專業化。　❷

解析 三S原則：簡單化、標準化、專業化。

（　）71.下列何種商店不屬於自助式銷售型態？(1)百貨公司　(2)超級市場　(3)便利商店　(4)量販店。　❶

解析 百貨公司是屬於專人（專櫃）服務，並非自助式銷售。

工作項目 02 門市行政

(4) 1.有關門市利潤的計算公式，何者有誤？(1)利潤＝客單價×客單數×平均毛利率－經營費用　(2)利潤＝坪效×坪數×平均毛利率－經營費用　(3)利潤＝人效×人數×平均毛利率－經營費用　(4)利潤＝迴轉率×銷貨收入×平均毛利率－經營費用。

解析 迴轉率＝營業額÷平均存貨，本式與銷貨收入無關。

(2) 2.有一商店其賣場面積有20坪，倉庫面積10坪，年度營業額有3,000,000元，則其坪效為多少？(1)1000,000　(2)150,000　(3)200,000　(4)300,000。

解析 坪效×坪數（只算有營業的區域）＝營業額；坪效＝3000000÷20＝150000。

(2) 3.下列經營指標何者非為商店收益性的經營指標：(1)稅前淨利率　(2)商品迴轉率　(3)毛利率　(4)投資報酬率。

解析 商品迴轉率＝銷貨收入÷平均存貨金額；商品迴轉率不能代表商店收益的指標。

(1) 4.賣場庫存100萬元其中飲料占30萬元即飲料所占構成比為多少？(1)30%　(2)25%　(3)40%　(4)33%。

解析 構成比＝30萬÷100萬＝0.3＝30%

(2) 5.對「來客數」的敘述何者有誤？(1)凡進店有交易的客數都叫來客數　(2)量販店是泛指當天進來人數　(3)如果是餐飲業則是指進來消費的人數　(4)便利店是泛指當天的發票數。

解析 凡進店有交易的顧客消費的實際行為產生，才稱為來客數。如果是餐飲業則是指進來消費的人數；便利店是泛指當天的發票數。

(2) 6.毛利÷從業員工數，其值代表：(1)人效　(2)勞動生產力　(3)勞動組合占有率　(4)坪效。

解析 每個員工的生產毛利，指的就是人效；人效＝毛利÷從業員工數。

(2) 7.有關短期償債能力比率的敘述何者有誤？(1)反映償還短期債務能力比率　(2)短期償債能力的強弱，取決於資產的流動性與長期負債　(3)短期負債取決於流動負債的數額　(4)包括流動比率、速動比率等。

解析 短期償債能力的強弱，取決於資產的流動性與短期負債。所以短期

償債能力無法以長期負債來決定，只與資產流動性有關。

( )8.營業報表中的哪一項是數字無法呈現的：(1)單一品項產品銷售排行榜 **❹**
(2)每日各不同時段的銷售業績、平日與假日銷售業績的差異 (3)每月
每季銷售業績，及與上個月營業額相較的差異 (4)商品報廢的品質差異
性。

解析 商品報廢的品質無法以數字呈現。

( )9.門市營業會有離峰及尖峰時段，為了降低門市成本，人事安排必須：(1) **❸**
全部都是全職人員 (2)全部都是兼職人員 (3)部分全職人員及部分兼
職人員 (4)由總部增派人員。

解析 因應不同時段必須要安排不同的人員，可以有效降低人事費用。

( )10.下列何者非屬於單店投資分析內容：(1)單店設備投資 (2)人員及管銷 **❹**
費用 (3)單店損益均衡點、投資回收報酬預估 (4)會員入會管理。

解析 投資分析不包括顧客資料管理。

( )11.下列何者態度不屬於正確的服務態度？(1)迅速確實的身體語言 (2)逃 **❷**
避問題 (3)態度積極 (4)開朗、友善及祥和的聲調。

解析 逃避問題並非正確的服務態度。

( )12.在職業生涯中何者非應有態度上的認知？(1)不斷地認識自己 (2)充實 **❹**
自己 (3)提高就業競爭力 (4)有表現即要求加薪。

解析 職場中並非有表現就可以要求加薪。

( )13.下列哪一項非食材與物品定位定量的主要目的：(1)讓店內環境能較為 **❹**
整齊與乾淨 (2)讓店內的工作流程更為順暢 (3)新進員工對工作環境
能早日進入狀況 (4)提高食材的用量。

解析 既然要食材物品定量，提高食材用量就不是定量了。

( )14.開店前的店務準備工作，不包括哪一項？(1)店面整理、清潔 (2)人員 **❸**
和工作表的確認 (3)留言板流言 (4)精神話術演練或每天事項檢視提
醒。

解析 留言版留言屬於私下作業，並非店務工作。

( )15.特價商品或具有價格優勢的商品，適合何種陳列方式？(1)量感陳列 **❶**
(2)懸掛式陳列 (3)主題櫃陳列 (4)多媒體方式展示。

解析 量感陳列是以數量來表示商品的強勢主打稱之。

( )16.如何塑造專業的客服中心形象，下列敘述何者為誤？(1)制定標準化的 **❸**

服務程序　(2)搭配感同身受的同理心　(3)單一化服務對個案服務的不能彈性授權　(4)堅持服務品質的正確性及一致性。

解析 針對客訴事件的不同進行處理，必須彈性而適當授權處理。

(　)17.主動服務顧客的技巧，下列何者為非？(1)不用等到顧客要求，就準備好下一個服務步驟　(2)藉由辨識顧客服務訊息，做出正確適當的回應　(3)隨時找尋服務顧客的機會　(4)不斷督促顧客購買商品。　❹

解析 不可督促顧客挑選商品。

(　)18.有關帳面存貨系統敘述何者為誤？(1)又稱永續存貨系統　(2)公式：期末存貨＝期初存貨＋本期進貨－本期銷貨成品　(3)需要實地盤點，每月月底的存貨價值才可計算出　(4)可做經常性財務分析。　❸

解析 門市每日都必須要做帳面管理。

(　)19.對定期盤存期末存貨系統的敘述何者有誤？(1)是指期末存貨是在銷售期間結束後，對剩餘商品所做的實際計算而得　(2)不需進行實際的存貨盤點　(3)零售商在評估期末存貨前，是計算不出毛利的　(4)其缺點為繁瑣及容易出錯，且有時需要暫停營業來進行盤點。　❷

解析 盤點都是必須實際進行的。

(　)20.有關加值率的敘述何者為誤？(1)內政部用來稽核零售商的帳務處理計算的損益　(2)可用來稽核與一般同業相對水準　(3)若加值率波動相較於同業商品異常，則會全面檢視進、銷項　(4)可作為查稅參考依據。　❶

解析 加值率是只能衡量商品進出貨的相關關係。

(　)21.有關庫存管理意義下列何者為誤？(1)求存量與訂貨次數之均衡　(2)其對提高生產力或提高銷貨利益有所幫助　(3)保持適當的存量　(4)增加資金的積壓。　❹

解析 管理不善才會增加資金的積壓，應該保持適當存貨量。

(　)22.以下何者不是5S？(1)清掃　(2)教養　(3)整頓　(4)維持。　❹

解析 5S：整理、整頓、清掃、清潔、教養。

(　)23.上櫃必須遵循的原則以下何者為誤？(1)主流機型必須齊全，且能滿足和品牌定位相符合的每個層次顧客的需求　(2)促銷機型不能多，只能起到「推波助瀾」的作用　(3)促銷機型在各個商場、賣場應有所不同，既能快速處理促銷機型，又能滿足商家「獨家經銷」的要求　(4)淘汰了的機型不要浪費櫃檯的資源，但是在不得已的情形下也可以成為主流促銷機型。　❹

解析 淘汰的機型不可以再販售給顧客。

( ) 24. 上櫃組合的原則是？(1)主次分明，重點突出 (2)數大就是美 (3)眼花撩亂 (4)井然有序。 ❶

解析 主次分明，將重點商品呈現出來。

( ) 25. 哪一項與5S確實的執行無關？(1)人員5S的培訓 (2)賣場5S計畫表 (3)5S的定期不定期檢查 (4)賣場促銷活動的執行。 ❹

解析 賣場促銷活動的執行並無包含在5S範疇內。

( ) 26. 下列何種非賣場的作業流程？(1)召集人員，宣布販促活動、流行資訊 (2)整理分類商品，注意商品陳列位置 (3)盤點商品，繳交銷貨憑單 (4)實施賣場人員教育訓練。 ❹

解析 教育訓練不屬於賣場作業，屬於後勤人力資源作業。

( ) 27. 高品質的服務敘述下列何者為非？(1)良好態度的第一線人員 (2)注意與顧客的互動 (3)親切有禮的優質服務 (4)媒體廣告多而集中。 ❹

解析 媒體廣告無法提供高品質的服務。

( ) 28. 下列何者非商店賣場空間活化的做法？(1)將強勢商品放在商店入口處，方便顧客拿取 (2)運用色彩和照明突顯賣場的個性 (3)藉由音響效果提升賣場形象 (4)招牌設計統一，表現出賣場整體一致感。 ❶

解析 賣場空間活化是要讓顧客耳目一心，吸引顧客上門。

( ) 29. 當顧客透過「意見卡」的方式來表達不滿時，處理的程序包括：A.與相關單位聯絡並討論解決方式；B.向顧客了解狀況；C.安撫顧客情緒；D.告知顧客處理方式，依時間順序來排列應是？(1)BACD (2)BCAD (3)CBAD (4)CABD。 ❷

解析 先了解情況→安撫顧客→告知處理方式→檢討改進。

( ) 30. 下列何者非商品防耗損的方法？(1)將盤點作業制度化 (2)每一項商品傳送、清點流程皆派人監督 (3)建立完整單品管理 (4)給予從業人員教育訓練。 ❷

解析 每項商品派人監督無法有效防止商品損耗。

( ) 31. 賣場的管理者在營業時間應做的事項有：A.檢查並維護環境的整潔；B.注意賣場道具、裝潢設備是否易發生危險；C.陳列包裝的檢視；D.處理顧客意見；E.隨時清點商品數量；F.核對現金與銷貨憑單上的數目是否吻合？(1)ABCE (2)ABDF (3)ABCF (4)ABCD。 ❹

解析 零檢查維護環境的整潔、注意賣場的裝潢設備、陳列包裝檢查、處理顧客意見都是營業時間內應該做的事情。

( ) 32.下列何者不屬於企業情報資料？(1)產品種類別銷售實績 (2)客戶別銷售額 (3)公司地址 (4)地區別銷售額。　❸

解析 公司地址是公開的資料。

( ) 33.下列何者不屬於企業促銷的內容？(1)折價券 (2)積分券 (3)贈品券 (4)大樂透。　❹

解析 大樂透是屬於娛樂性博奕活動。

( ) 34.生產企業除了以廣告和個人推銷的形式來促進銷售活動外，而零售與中間商在交易中不使用下列何種營業推廣的手段？(1)商業折讓 (2)批量折讓 (3)商業折扣力 (4)店頭廣告。　❹

解析 零售與中間商會使用商業折讓、批量折讓、商業折扣，而店頭廣告是屬於門市販售商品才會推廣的手段。

( ) 35.下列何者不是一般促銷活動的目的？(1)贈送贈品 (2)吸引顧客 (3)增加銷售量 (4)提升品牌知名度。　❶

解析 促銷活動並非以贈送贈品給顧客為目的。

( ) 36.要使促銷成功，必須要使活動具下列何種功能，才能提高目標物件參與意願及促進銷售成效：(1)念力 (2)活力 (3)刺激力 (4)快樂力。　❸

解析 有刺激才會有消費，並非其他三個選項所為。

( ) 37.下列何者為顧問式銷售排序的步驟：A.尋找需求；B.解決問題；C.提供諮詢服務；D.教育客戶：(1)ABC (2)ABD (3)BCD (4)ACD。　❷

解析 尋找需求→解決問題→教育客戶。

( ) 38.員工訓練必須具備的功能，以下何者為非？(1)改變員工技術 (2)傳授工作經驗提升工作能力 (3)培養員工的知識與素養 (4)培養員工積極的工作態度。　❶

解析 公司執行員工訓練，無法改變員工本身技術。

( ) 39.公司組織招募人員，以下何者並非組織誘因？(1)獎酬制度 (2)生涯發展機會 (3)主管的能力 (4)組織的名聲。　❸

解析 招募人員無法以主管的能力來當做誘因。

( ) 40.門市四大工作站是指：(1)外場、收銀、前場與後場 (2)前場、後場、　❶

櫃檯與倉庫　(3)前場、後場、吧臺與收銀　(4)外場、前場、後場與倉庫。

解析 外場＝騎樓；前場＝賣場；後場＝倉庫辦公室

（　）41.門市前場指的是：(1)騎樓走廊與店前行人步行區，可以動態或靜態方式吸引顧客入店消費　(2)店內辦公、倉儲、作業或料理區域，是員工作業與活動的空間　(3)店內陳列、展示商品，提供顧客用餐或服務的區域　(4)一般以櫃檯或吧臺的形式呈現，提供顧客結帳、收銀、找替與包裝的服務。　❸

解析 前場指的就是賣場內提供顧客選購商品的區域。

（　）42.為推行門市職位管理制度需製作：(1)職務說明書　(2)輪值表　(3)工作排程表　(4)營業日報表。　❶

解析 職位管理的詳細說明只會記錄在職務說明書內。

（　）43.門市從業人員為規劃工作的優先次序須編制：(1)職務說明書　(2)輪值表　(3)工作排程表　(4)營業日報表。　❸

解析 工作排程表可以規劃門市工作的流程。

（　）44.透過輪值表掌握排班作業狀況除可使門市營運更加流暢外，最主要還可以：(1)了解營收狀況　(2)降低人事費用支出　(3)有助於店長管理　(4)建立獎懲制度。　❷

解析 確實掌握排班作業，可以有效管理人事成本的支出。

（　）45.門市店舖兼職員工的招募作業由：(1)總部統一應徵　(2)各店店長或店經理應徵　(3)直營店總部統一應徵，加盟店自行應徵　(4)由各區經理應徵。　❷

解析 計時員工是由店長或店經理依照店內工作分配調度招募的。

（　）46.面試甄選的基本步驟首先是：(1)應徵資料的篩選　(2)面試通知　(3)基本資料填寫　(4)面談。　❶

解析 面試的步驟為：應徵資料的篩選→面試通知→基本資料填寫→面談。

（　）47.以下何者並非人員訓練的步驟？(1)解說　(2)示範　(3)試做　(4)面談。　❹

解析 面談不是訓練員工的方法。

（　）48.訓練評估的四個層次，以下何者為非？(1)學員反應　(2)環境優劣　(3)　❷

行為改善　(4)績效評核。

解析 環境優劣不能評估員工訓練的成效。

(　)49.賣場活性化中指消費者所感受的感覺有哪幾項：A.視覺；B.聽覺；　　❷
　　　　C.觸覺；D味覺；E嗅覺：(1)ABDE　(2)ABCDE　(3)ACDE　(4)
　　　　ABC。

解析 賣場活性化是：視、聽、觸、味、嗅等五覺。

(　)50.所謂OJT是指：(1)職前訓練　(2)職外教育　(3)在職訓練　(4)及時訓　　❸
　　　　練。

解析 OJT為On Job Training的縮寫，指的就是工作中學習、在職學習。

(　)51.所謂PT人員是指：(1)新進人員　(2)兼職人員　(3)管理幹部　(4)內部　　❷
　　　　講師。

解析 PT，為Part Time的縮寫，意為計時，PT人員指的就是兼職人員。

(　)52.以下何者並非職務說明書應載明的內容？(1)薪資標準　(2)在組織中的　　❶
　　　　關係　(3)基本條件要求　(4)功能職掌。

解析 職務說明書等同工作說明，因此薪資標準不會載明其內容。

(　)53.人力控制的重點在於：(1)以合理的人力成本維持服務水準　(2)人力成　　❶
　　　　本最小化　(3)提升服務品質　(4)精簡人力。

解析 用合理的人力成本安排適當的人力在適當的職位是控制的重點。

(　)54.門市人力組成可分為：(1)基層、中階與高階人員　(2)正職人員與兼職　　❷
　　　　人員　(3)作業人員與管理人員　(4)店長、店員與工讀生。

解析 正職的店長、副店長、員工；兼職的工讀生。

(　)55.門市高階主管的教育訓練以何者為重：(1)訓練與教育　(2)教育與發展　　❷
　　　　(3)訓練與發展　(4)服務與發展。

解析 高階主管對上求發展，對下教育下屬，並非接受訓練。

(　)56.下列何者不是門市教育訓練的意義？(1)訓練　(2)服務　(3)教育　(4)　　❷
　　　　發展。

解析 公司力求員工發展並且教育訓練，並非終身學習服務態度。

(　)57.門市基層人員的教育訓練以何者為重？(1)訓練　(2)教育　(3)發展　　❶
　　　　(4)服務。

解析 基層人員須接受基礎訓練。

(　)58.「卡式管理」形容門市人員訓練必須像：(1)卡片　(2)卡內基　(3)卡帶　　❸

(4)卡通。

解析 訓練如同卡帶般重複翻轉，培養一致性的專業服務。

( ) 59.下列何者為管理門市的人員？(1)店長　(2)兼職人員　(3)區經理　(4)顧客。 **❶**

解析 門市管理的職責在於店長。

( ) 60.銷貨收入／平均存貨金額的值代表：(1)勞動生產力　(2)交叉比率　(3)商品迴轉率　(4)坪效。 **❸**

解析 銷貨收入÷平均存貨金額＝商品迴轉率。

( ) 61.連鎖經營的主要效益，即讓顧客在任何地點、任何時間與任何服務人員，均能獲得：(1)一致化　(2)多元化　(3)差異化　(4)專業化　的服務品質。 **❶**

解析 訓練員工如同卡式管理般，培養一致性的服務品質。

( ) 62.門市教育訓練的4P原則，何者為非？(1)創造利潤原則　(2)專業原則　(3)行銷推廣原則　(4)流程化原則。 **❸**

解析 訓練4P為：流程化原則、實際操作原則、創造利潤原則、專業原則。

( ) 63.下列何種工作不屬於門市行政的範疇？(1)交班　(2)清潔　(3)人員招募　(4)市場調查。 **❹**

解析 門市業務以銷售服務為主，市場調查屬於總部業務。

( ) 64.下列哪一項不是門市管理可經由POS系統提供的資訊作為降低成本的依據？(1)營業額　(2)來客數　(3)滯銷品　(4)商圈情報。 **❸**

解析 一解：滯銷品無法清楚了解顧客的期望，其他選項反應顧客期望；二解：無法預估滯銷品銷售情況，更無法作為降低成本的依據。

( ) 65.門市人員招募的最低法定年齡需年滿：(1)14歲　(2)15歲　(3)16歲　(4)18歲。 **❷**

解析 法令規定最低需年滿15歲。

工作項目 03 門市清潔

(❹) 1.下列何者不是每日門市清潔的項目？(1)商店內地板　(2)貨架　(3)垃圾箱　(4)冷氣。

> **解析** 冷氣不需要每日清潔。

(❷) 2.下列何者是門市清潔工作的主要目的？(1)維持暢通的購物通道　(2)創造舒適的購物環境　(3)誘發顧客衝動性購買　(4)敦親睦鄰。

> **解析** 提供更舒適的購物空間給消費者。

(❶) 3.下列何者是門市清潔容易被忽略的藏垢處？(1)冷藏櫃玻璃門上的手垢　(2)商品上的灰塵　(3)地板上的積水　(4)收銀櫃檯周圍的垃圾。

> **解析** 玻璃門上的手垢不容易看見，因此容易忽略。

(❸) 4.為使顧客對商店有良好的印象，商店內地板清潔應做到何種程度？(1)沒有垃圾　(2)沒有灰塵　(3)光潔亮麗　(4)沒有積水。

> **解析** 顧客期望的是光潔亮麗的購物環境。

(❶) 5.清潔玻璃時，在噴上玻璃清潔劑後，應該用何者擦拭？(1)濕抹布　(2)報紙　(3)乾海綿　(4)衛生紙。

> **解析** 濕抹布才可以有效清潔玻璃表面，其他三項不適宜。

(❶) 6.門市清潔工作最重要的注意事項是：(1)不得干擾顧客　(2)按照規定時間進行清潔工作　(3)負責認真的完成指派的清潔工作　(4)特別注意容易忽略的清潔死角。

> **解析** 任何清潔的工作都以不妨礙顧客購物為主要原則，其他三項為清潔要領。

(❷) 7.一般擦拭貨架的方法是：(1)由下而上　(2)由上而下　(3)先從中間而下再從中而上　(4)先從中間而上再從中而下。

> **解析** 由上而下的清潔才能確保灰塵完全清除。

(❸) 8.門市地板出現積水時，門市服務人員應如何處理？(1)等到有空時再用拖把拖乾　(2)不予處理讓它自然風乾　(3)立即用拖把拖乾　(4)立即用掃把將水掃走。

> **解析** 立即將積水拖乾，以免發生滑倒現象。

(❸) 9.下列何者不是門市環境的清潔範圍？(1)門面的清潔　(2)賣場及辦公室　(3)社區環境　(4)門市環境及四周。

解析 門市清潔不需要將社區環境納入清潔範圍內。

( ) 10.下列描述之清潔特質何者不正確？(1)四周環境髒亂只要消毒就不會有 ❶
細菌及空氣污染　(2)殘渣處理過程是要防止病媒及微生物造成食品的
污染　(3)廢物及垃圾在搬運時要避免污染及惡臭的產生　(4)保持騎
樓、通道清潔及暢通。

解析 環境髒亂就容易孳生細菌造成污染。

( ) 11.下列描述何者與創造出好的舒適環境無關？(1)明亮的燈光　(2)舒適的 ❹
音樂　(3)清潔的環境　(4)播放歡迎光臨的入門聲。

解析 歡迎光臨是基本禮貌，無法營造舒適的空間感。

( ) 12.大型活動或販促展示最容易造成清潔問題，下列所述清潔注意事項何 ❷
者不正確？(1)POP、字亂貼　(2)時間未到即撤櫃收東西　(3)壁面柱子
愛亂貼雙面膠　(4)天花板亂釘海報及手模黑印。

解析 時間未到卻撤櫃屬於管理策略，並非清潔問題。

( ) 13.在清潔玻璃或鏡面時使用哪一項清潔方式是不正確的？(1)以專用玻璃 ❷
清潔劑清潔　(2)使用報紙可加強除污　(3)先除去邊角污穢或砂石再清
潔鏡面或玻璃　(4)清潔完後注意是否有水痕殘留。

解析 報紙附有油墨，並非正式的清潔工具。

( ) 14.在清潔地板時使用哪一項清潔方式是正確的？(1)有特別髒污的部分可 ❸
以用漂白水加強清潔　(2)可直接拖拭不掃地也可　(3)拖完濕地應立即
拖乾　(4)下雨天地板清潔也有效果不用做。

解析 地板潮濕容易滑倒，立即拖乾才是正確。

( ) 15.容易藏污納垢的地方，下列何者為非？(1)冷藏櫃的死角　(2)貨架的深 ❸
處及底部　(3)打翻飲料的地板　(4)日光燈或周圍的燈蓋。

解析 打翻飲料於地板上屬於可清楚見到的清潔問題，而非不易清楚看到
的問題，且應立即派員進行清理。

( ) 16.下列依清潔頻率多寡所排列的順序何者是正確的？(1)地板＞腳踏墊＞ ❶
貨架＞購物籃＞日光燈　(2)地板＞日光燈＞貨架＞購物籃＞腳踏墊
(3)腳踏墊＞購物籃＞地板＞貨架＞日光燈　(4)購物籃＞腳踏墊＞日光
燈＞地板＞貨架。

解析 灰塵由上落下，因此清潔地板為優先，其次是腳踏墊→貨架→購物
籃→日光燈。

( ) 17.小康擬增加店舖的明亮度，下列何者不是清潔的重點？(1)店內照明設備是否已清潔，是否已過使用年限 (2)店外招牌設備是否已清潔，面材是否定期更換 (3)地板是否已清潔，是否需更換 (4)貨架定期清潔，是否需更換。 **❹**

> **解析** 貨架的更換並不會影響明亮度，招牌、照明才會。

( ) 18.下列哪一項清潔保養要項不正確？(1)瞭解各項機器設備的清潔保養方式 (2)選用設備或建材適用的清潔劑 (3)詳閱說明書再安排清潔週期及要項 (4)強效的清潔劑代替其他不同功能的清潔劑。 **❹**

> **解析** 保養機器要使用專用清潔劑，不可使用更強效的清潔劑。

( ) 19.金屬或鐵弗龍類的局部污垢清潔保養要項何者正確？(1)以菜瓜布或粗糙粉狀物加清潔劑去除 (2)選用強酸或強鹼的清潔劑才能有效的去除 (3)以利器或硬物去除局部污垢再做清潔 (4)先以適用的清潔劑、方法及用具局部去除。 **❹**

> **解析** 選用正確的清潔劑、方法才是正確。

( ) 20.清潔電器類的機器設備類的要項，下列何者不正確？(1)清潔前將電源或是開關關掉 (2)準備充量的水浸入水中，除污效果較佳 (3)清潔完須等水分乾燥了才可以插上電源 (4)清潔後的零件亦須按說明書的步驟順序進行先後安裝。 **❷**

> **解析** 電器類不可置入水中清洗。

( ) 21.空調類的清潔要項下列何者不正確？(1)只須清除外觀、濾網及出風口即可 (2)如有油污可使用揮發性油融解再去污，表面則使用清潔劑清洗 (3)使用刷子或吸塵器清除出風口格柵灰塵 (4)濾網不可以使用過熱的水清潔以防變形。 **❶**

> **解析** 空調類不能只清理外部，也需要清理內部。

( ) 22.下列雜誌書報架的清潔要項有何者不正確？(1)先將雜誌書報撤下集中於地面再清潔貨架 (2)以乾淨的濕布及中性清潔劑擦拭 (3)掛勾或鋼架污穢以拆除方式清洗 (4)局部重污需讓清潔劑稍為溶解污穢再清理。 **❶**

> **解析** 雜誌書報放在地面會讓商品髒污不潔。

( ) 23.一般貨架的清潔要項下列何者不正確？(1)商品撤下時需注意避免阻礙通道 (2)以乾淨的濕布擦拭商品以防顧客拿到有灰塵的商品 (3)將隔板及掛勾取下清洗 (4)清潔完依商品陳列原則及位置上架。 **❹**

> **解析** 有灰塵的商品要使用雞毛撢子。

（　）24.玻璃或鏡面的清潔步驟下列排序何者是正確的：A.濕布均勻擦試鏡面；B.邊框灰塵及邊角清潔；C.鏡面噴玻璃清潔劑；D.玻璃刮刀刮除水痕：(1)A→B→C→D　(2)B→C→A→D　(3)C→D→A→B　(4)D→B→C→A。　❷

解析　清理邊框灰塵→鏡面噴玻璃清潔劑→濕布擦拭鏡面→刮除水痕。

（　）25.下列何者為營業中地板清潔正確的步驟排序？A.掃除灰塵及垃圾；B.兩邊貨架拖拭；C.倒掉污水再以清水拖拭一次；D.中間走道拖拭；E.準備加入地板清潔劑的水：(1)A→E→B→D→C　(2)E→D→B→C→A　(3)D→B→E→A→C　(4)D→B→E→C→A。　❶

解析　掃除灰塵垃圾→清潔劑水→兩邊貨架→中間走道→清水再拖。

（　）26.下列地板掃地及拖地的清潔要項何者不正確？(1)使用乾淨拖把及勤於換水　(2)不須注意顧客動態　(3)室外的清掃要避免塵土飛揚造成污染　(4)拖地前先掃除垃圾及灰塵。　❷

解析　掃拖地時要留意顧客動向。

（　）27.下列騎樓清潔的要項何者不正確？(1)每天勤於拍打刮砂墊　(2)騎樓應保持乾燥及隨時清理空罐與垃圾　(3)清理騎樓天花板積水及蜘蛛網時須注重安全　(4)將整袋垃圾或物流箱集中於室外。　❹

解析　不可將整袋垃圾丟置於騎樓，應該收好等垃圾車來才再丟。

（　）28.下列敘述清潔用具的衛生管理哪一項不正確？(1)清潔用具使用後應乾燥後再集中存放　(2)存放清潔用具的鋼架或置物架上殘留的污穢要完全清理以防二度污染　(3)抹布、海棉或棕刷發霉、污黑或產生異味以漂白水再漂白後使用　(4)拖把布若長期泡水布面條將損耗脫落。　❸

解析　使用漂白水會產生有毒物質。

（　）29.下列敘述中哪一項係門市對地板清潔及延長使用年限的作業幫助效果較有限？(1)進退貨及補貨時避免拖拉物流箱　(2)入門處使用刮砂墊或門墊　(3)每天數次的掃地及拖地　(4)每月請廠商清潔地板。　❹

解析　地板清潔應該每日進行。

（　）30.下列哪一項個人衛生對減少料理或加工食品再污染沒有助益？(1)作業前先洗手或消毒　(2)指甲剪短、不塗指甲油及穿戴飾品　(3)臉部不化妝　(4)患有皮膚病或手部有創傷時不得切解食品。　❸

解析　臉部化妝並不會直接接觸到食品，所以不相關。

（　）31.下列哪一項有關能徹底清潔門市的時機之敘述是不正確的？(1)大夜或　❹

關店門後執行清潔作業　(2)換季汰換商品時清潔貨架　(3)撤除海報時清潔玻璃膠條　(4)新開幕時清潔全店。

解析 此題有爭議，正確答案應該是3，清理膠條隨時都可以，但應以勞委會公布的答案4為主要答案。

(　　)32.下列共有幾項為清潔方式或手法：擦拭、掃除、吸取、拍打、剝取、洗淨、教育、刮除？(1)五項　(2)六項　(3)七項　(4)八項。 **❸**

解析 除了教育之外，其餘七項皆是。

工作項目 04 商品處理作業

( ) 1.門市即銷售商品與服務的場所，門市中有軟體與硬體，下列何者為門市 **④**
的軟體？(1)商店外觀　(2)招牌　(3)裝潢　(4)陳列。

解析 軟體是可以隨時計畫改變的，硬體則不行。

( ) 2.商品陳列的最終目的是：(1)增進門市的美感　(2)營造門市氣氛　(3)促 **③**
進商品銷售　(4)存放商品。

解析 任何陳列布置都是要將商品銷售出去。

( ) 3.進貨時，貨運公司人員應出示哪幾種文件給公司商管人員？(1)貨運公司 **④**
裝箱清單　(2)貨運公司裝箱清單與供應商裝箱清單　(3)公司訂單影本
與供應商裝箱清單　(4)公司訂單影本、貨運公司裝箱清單與供應商裝箱
清單。

解析 必須檢附所有相關資料備查，包含訂貨商、出貨商、運送商相關文
件。

( ) 4.驗收時，如發現數量超出訂單上的數量，驗收店員應如何處理？(1)直接 **④**
通知供應商　(2)默不吭聲　(3)通知總公司（總部）　(4)通知該店店長。

解析 驗收時只要與訂單數目不符，應立即通知店長處理。

( ) 5.何種情況之下，送貨將會被全數退回？(1)送貨量多於訂單上的數量 **③**
(2)送貨量少於訂單上的數量　(3)未下訂單的貨　(4)送貨量等於訂單上
的數量。

解析 無中生有的商品應該全部退回。

( ) 6.超級市場的收銀臺前，應放置何種商品？(1)重要年節的禮品　(2)衝動 **②**
性購買傾向強烈的商品　(3)地方節慶活動所需的商品　(4)日常生活所
需的商品。

解析 收銀櫃檯放置衝動性購買商品可以促進銷售。

( ) 7.為了方便顧客看得見商品，最適當的商品陳列高度是：(1)顧客眼睛高度 **②**
以上的位置　(2)顧客眼睛高度到胸部高度之間的位置　(3)顧客胸部高
度到腹部高度之間的位置　(4) 顧客腹部高度以下的位置。

解析 顧客的視線通常是在眼睛到胸部之間的高度，這個區間就是商品的
黃金陳列區。

( ) 8.為了方便顧客選購，商品陳列首要之務為何？(1)商品排列展現氣勢 **②**

(2)商品特色一目了然　　(3)商品內容清楚易見　　(4)商品上架容易安全。

解析 陳列是為了要讓顧客清楚明白且方便的挑選所需商品，更可讓顧客直接了解商品特色。

( )9.何者為補貨的原則？(1)維持商品陳列的數量固定　(2)維持商品庫存的數量固定　(3)確保不缺貨　(4)確保沒有滯銷品。　❸

解析 補貨的原則是以維持商品存貨量為基準，不可過多過少。

( )10.將商品規劃與展示陳列與消費者生活型態融合在一起的做法，是依據何種觀點？(1)消費者需求導向　(2)商店氣氛營造導向　(3)商店銷售導向　(4)商店空間利用導向。　❶

解析 商品陳列是要讓消費者知道商品在哪一櫃位，使消費者容易選購，符合其需求。

( )11.下列四種訂購模式機會何者的損失數較少？　❹

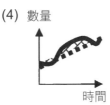

解析 第1、2項至後期可能會產生商品嚴重缺貨，導致失去銷售機會；第3項商品數量起伏不定，一開始多訂的情況可能可以彌補之後的缺貨情況，但若產品有突發性需求，則有可能造成商品缺貨；第4項訂購的數量不低於銷售數量，只有可能會發生商品過期情況，卻不影響商品缺貨時的失去銷售機會。

( )12.下列有關欠品定義的描述何者正確？(1)為避免銷售機會損失應準備商品庫存量　(2)已無安全庫存量　(3)陳列架上的商品無法滿足消費者購買的慾望　(4)顧客因數量不足而沒有購買或減少購買。　❸

解析 欠品指的是商品陳列架上已經沒有商品可以讓顧客挑選，故無法滿足顧客。

( )13.商品配置表主要功用為何？(1)商品定位使用　(2)停電時使用　(3)商品　❹

訂購使用　(4)商品陳列使用。

解析 商品配置表示是要讓商品依照陳列位置擺放；定位是商品只要放著就好，意義不同。

（　）14.商品陳列受顧客能見度影響，下列敘述何者為正確？(1)顧客的視線水平焦點集中於高動線區　(2)顧客的視線由右向左移動　(3)顧客的視線焦點係陳列於底層大件商品　(4)貨架高度低於180公分以下。 ❶

解析 顧客的視線通常是在眼睛到胸部之間的高度，這個區間就是商品的黃金陳列區。

（　）15.有關商品分類及陳列原則下列敘述何者不正確？(1)依商品用途及功能分類以方便門市管理　(2)站在消費者的立場方便其取用及停靠　(3)高需求低毛利的商品陳列於第一視線內以薄利多銷　(4)依商品關聯性、消費者購買動機及使用目的陳列商品。 ❸

解析 應以高毛利的商品陳列在第一視線以內才能促進銷售。

（　）16.商品退貨程序下列敘述何者正確？(1)新商品進貨前舊商品須先退貨　(2)停售之商品於退貨前能賣儘量賣　(3)寄售退貨商品為供應商成本，不須負保管之責　(4)待換季後商品再做退貨。 ❹

解析 舊商品退貨，新商品又還沒上架，會造成空架。第1項為非停售商品可能有瑕疵，不應該繼續販售；第2項為非寄售退貨商品應妥善保管，避免可能因數量不符造成的損失；第4項為非。

（　）17.下列何者不是商品進貨驗收的重點？(1)商品數量　(2)先進先出　(3)商品外包裝　(4)有效期限。 ❷

解析 先進先出是商品上架的重點，驗收時不需要。

（　）18.為確保鮮奶沒有過期的疑慮，下列哪些作業無效？(1)每天檢查商品期限　(2)落實冷藏溫度檢查　(3)商品進貨上架時檢查外觀　(4)結帳時順便檢查有效期限。 ❸

解析 檢查外觀與商品過期沒有關係，只能檢查有無破損。

（　）19.為確保商品品質，下列何項作業正確？(1)冷藏過的飲料可放入溫罐器內販賣　(2)溫罐器內的飲料如果已放置超過48小時，取出後也不可再放入冷藏冰箱，以免變質　(3)冷藏過的商品再放入冷凍櫃販賣可延長六個月　(4)停電後解凍過商品可再冷凍販賣。 ❷

解析 溫度遽變容易使罐頭變質，故第1、第4項為非商品保存期限依照規

定不能變更，故第3項為非飲料溫度改變保存不宜過久，零售商通常規定是2天，第2項正確。

（　　）20.以賣場一臺展示櫃（90cm×135cm）為例，顧客的主要視線焦點區域應為下列哪一項圖示？ ❷

(1) (2) (3) (4)

解析 電器類不可置入水中清洗。

（　　）21.箱積式陳列方式何者為誤？ ❹

(1) (2) (3) (4)

解析 箱積式陳列，應該要將體積較大的放下面，體積較小的放上面，避免商品過重，壓壞下方體積較小的商品。

（　　）22.下列哪一項不是陳列櫥櫃商品時考慮的主因？(1)陳列設計最有特色精華所在　(2)背景櫥櫃保持清潔明亮　(3)櫥櫃上鎖　(4)商品間隔需有空間感。 ❸

解析 櫥櫃商品通常都以高單價商品為主，應將櫥櫃上鎖避免偷竊。

（　　）23.下列有關促銷的日用品陳列及超市與量販店常見的大量陳列何者不正確？(1)箱積式陳列　(2)垂吊式陳列　(3)柱面式陳列　(4)臺車式陳列。 ❷

解析 只有小型商店或專櫃才會出現垂吊式陳列。

（　　）24.有關百貨公司的陳列下列敘述何者不正確？(1)百貨公司為國內外名牌群集的高層次商品　(2)必須推陳出新並講究格調以跟得上流行　(3)使用大分類大量陳列的方式刺激消費　(4)專櫃自有格調，陳列不同故全樓來看不太美觀。 ❸

解析 百貨公司通常都販賣國內外知名商品，商品多為流行性商品，需要不斷推陳出新，故以重質不重量方式陳列。

（　　）25.下列冷藏機臺（open-case）所陳列的甜點商品因進貨前數量較少時，該如何陳列以吸引消費者的目光？ ❶

(1) 　　(2) 　　(3) 　　(4)

 商品數量較少時，應該避免貨架空洞，可將同類型、形狀、體積相似的商品放在一起陳列，可吸引消費者目光。

( ) 26.小強至超級市場購買牛奶發現有四種標籤，何者為正確標價方式？　❶

(1)

(2)

(3)

(4)

 商品的標價、製造日期、有效期限，應該標示在商品的正面。

( ) 27.下列何者與商品分類整理的方法無關？(1)色彩由淺至深、花樣由素至花　(2)尺寸由小至大　(3)價格由低至高　(4)商品陳列位置由低至高。　❹

解析 陳列方法通常有體積由小到大、價格高低、顏色深淺，陳列位置與商品分類無關。

( ) 28.下列哪一項為無效的商品管理方式？(1)新商品導入　(2)滯銷品的消除　(3)退貨後商品管理　(4)平時商品整理。　❸

解析 商品退貨後就不需要再管理了。

( ) 29.下列雜貨有效期限長短依序排列何者正確？(1)洗髮精＞易開罐果汁＞罐頭食品＞洗選蛋＞餅乾　(2)洗髮精＞罐頭食品＞易開罐果汁＞餅乾＞洗選蛋　(3)罐頭食品＞洗髮精＞餅乾＞易開罐果汁＞洗選蛋　(4)易開罐果汁＞洗髮精＞罐頭食品＞餅乾＞洗選蛋。　❷

解析 生蛋保存期限最短，洗髮精最長，故為：洗髮精＞罐頭＞果汁＞餅乾＞洗選蛋。

( ) 30.下列哪一項不是存貨控制的方法？(1)刪除及新商品管理　(2)運用報表分析　(3)倉庫商品管理　(4)強勢商品管理。 **④**

> **解析** 強勢商品是屬於行銷管理的部分，通常透過促銷活動進行。

( ) 31.12/27小真到店要求退貨，表示12/15訂購預購的商品尺寸不合，其出示單據12/20取貨，請問小真是否可以退貨？(1)已過鑑賞期12/22日故不可退貨　(2)已過鑑賞期12/23日故不可退貨　(3)已過鑑賞期12/26日可退貨　(4)鑑賞期為12/26日不可退貨。 **④**

> **解析** 鑑賞期為7日，12/20起算7日為12/26，所以已經超過鑑賞期的退貨期限。

( ) 32.下列有關廢棄商品的敘述何者不正確？(1)廢棄商品多是訂貨量過多或過期品較多　(2)廢棄商品為零才顯示商品管理最好　(3)廢棄商品處理前需先登記原因以利抽查或追蹤原因　(4)鮮度不佳或不堪食用都可能產生廢棄商品。 **②**

> **解析** 廢棄商品為零也可能是因為沒有進貨。

( ) 33.下列有關前進（推前）陳列的敘述何者不正確？(1)貨架上的商品往前推　(2)商品正面排放朝前　(3)倉庫或進貨商品補充至賣場　(4)通常為離峰時間補貨時進行。 **③**

> **解析** 前進陳列，就是要將商品拉齊排面，讓商品看起來不缺貨。

( ) 34.下列有關補貨原則的敘述何者不正確？(1)人潮多時趕快補貨以免顧客買不到想要的商品　(2)商品週轉率高及貨架上已經缺貨的商品優先補貨　(3)遵守先進先出及前進陳列原則　(4)補貨時注意不良品勿上架陳列。 **①**

> **解析** 人潮多時補貨容易發生安全問題或是產生客訴事件，其餘的三項則較為合理。

( ) 35.下列有關壞品處理流程的敘述何者不正確？(1)退貨或瑕疵品均須由現場主管確認後一律廢棄　(2)須由現場人員登記後集中保管　(3)發現不合格的壞品經確認後，應即刻清點與整理　(4)若可歸責於合作廠商則可換退貨。 **①**

> **解析** 壞品處理係由現場人員處理登記，經主管簽核後，再行退回廠商辦理退貨。

( ) 36.下列有關陳列方式的敘述何者不正確？(1)拍賣車陳列使用於大量商品或拍賣品　(2)層板陳列使用於放平疊放的商品　(3)壁面過高採用三段 **④**

式陳列較適宜 (4)較長壁面陳列避免高高低低，呈一直線較適宜。

解析 長壁面的大面積陳列若成為一直線，會使商品沒有特色、單調易致滯銷情形產生。

( ) 37.下列哪一項有關盤點注意事項的敘述有誤？(1)盤點前後注意庫存商品整理及補貨 (2)盤點可確認商品價格錯誤 (3)進行複盤確認 (4)盤點目的為進行補盈虧調整。 ❹

解析 盤點並非是為了要進行補盈虧調整，但可了解盈虧狀況。

( ) 38.下列哪一項為非季節性商品？(1)5月康乃馨、香包及肉粽 (2)6月雨季的雨傘、雨衣 (3)7至8月太陽眼鏡、冰品、啤酒 (4)9月防颱商品。 ❶

解析 康乃馨、香包、肉粽是屬於節日商品。

工作項目 05 櫃檯作業

(　)1.陳列在收銀櫃檯的商品多半體積小、價錢便宜，是利用顧客何種心態來誘使顧客購買？(1)順便買　(2)貪便宜　(3)衝動性購買　(4)不買下次就買不到。　**❸**

解析 例如差10元就多一次抽獎，可以誘發顧客衝動購買。

(　)2.零售商在行銷通路所扮演的角色為何？(1)增加產品和服務的價值　(2)掌握學習曲線效應　(3)公平交易　(4)風險承擔。　**❹**

解析 不同的零錢分類區隔，可以在短時間內找零錢給顧客。

(　)3.如果統一發票已結帳跳出時，顧客才告知收銀員發票需打統一編號，此時收銀員應如何處理？(1)將該張統一發票作廢後重新開立發票　(2)收銀員直接在該張統一發票上填寫統一編號　(3)收銀員在該張統一發票蓋上商店的統一發票章後請顧客自行填寫統一編號　(4)向顧客道歉並委婉說明無法再補鍵入統一編號。　**❸**

解析 店員必須蓋店章後請顧客自行填上。

(　)4.下列何者為結帳作業的程序之一？(1)顧客抱怨處理　(2)顧客退換貨　(3)面銷　(4)商品裝袋。　**❹**

解析 結帳櫃檯在顧客結帳後將商品裝袋。

(　)5.自助式商店一般提供顧客人力服務的地方是在哪裡？(1)收銀櫃檯　(2)貨架區　(3)商店門口　(4)商店外面的騎樓或人行道。　**❶**

解析 最直接的服務窗口即是收銀櫃檯。

(　)6.收銀人員結完帳時，應該面帶微笑誠心誠意的對顧客說什麼呢？(1)謝謝光臨！歡迎再度光臨　(2)抱歉！讓您久等了！　(3)歡迎光臨　(4)先生（小姐）！您好。　**❶**

解析 結帳後應謝謝顧客光臨。

(　)7.收銀人員可以利用什麼時候和顧客交談以建立良好的顧客關係？(1)結算商品總金額的時候　(2)開始結帳作業之前　(3)收取顧客金錢的時候　(4)找零以後或商品裝袋的時候。　**❹**

解析 結帳找零或裝袋時可做關心顧客與之交談動作。

(　)8.收銀櫃檯前可放置或陳列何種物品？(1)收銀人員的私人物品　(2)收銀人員的茶水　(3)顧客退貨的商品　(4)特價商品。　**❹**

解析 特價商品可以放在收銀櫃檯吸引顧客衝動性購買。

(❷) 9.為顧客做商品裝袋服務的重點是什麼？(1)將所有物品放在適合尺度的袋子 (2)不同性質商品分開而且按照正確的順序裝袋 (3)按照顧客指示裝袋 (4)將小件商品裝袋，較大件商品用繩子綑綁。

解析 裝袋服務的重點是，將不同性質的商品依序裝入購物袋內。

(❸) 10.下列何者非收銀人員的業務交接範圍？(1)點交零用金 (2)按責任鍵 (3)發票核銷作業 (4)交接班交代事項。

解析 發票核銷動作不需交接，應交至辦公室統一作業。

(❹) 11.下列哪一項有關收銀機換貨作業的敘述是不正確？(1)如果不是本門市販賣的商品，可委婉向消費者說明無法兌換商品的原因 (2)原商品較兌換商品價格高則重新開發票退差額給顧客，收回發票作廢 (3)原商品較兌換商品價格低請顧客補差價並打入收銀 (4)退回商品可再上架販賣。

解析 退貨商品可能有瑕疵或損耗，不可再上架販賣。

(❹) 12.當小麗為顧客結帳時發現刷取商品價格高於商品上所載標示價格時，應如何處理？(1)道歉並委婉請消費者以刷出價格付款 (2)委婉說明商品可以回收不賣 (3)無法以商品上所載價格賣給顧客，可以同等價值商品換回商品 (4)仍以商品上所載價格賣給客人，由門市吸收差額。

解析 若刷取條碼後價格較高，應該降價賣給顧客，由門市吸收差額。

(❸) 13.當顧客於結帳時不慎打翻飲料時，下列哪一項收銀人員的做法較不適當？(1)主動拿面紙讓顧客擦拭並關切及詢問其是否須協助 (2)迅速清潔及處理打翻飲料 (3)另取一瓶再結帳 (4)打翻的飲料以報廢處理。

解析 應該安撫顧客情緒，提供協助，迅速處理並將飲料報廢處理。

(❹) 14.下列哪一項敘述與精簡櫃檯結帳時間無關？(1)人多時應以多臺收銀機同時作業 (2)向客人取款時，先包裝再收款 (3)準備放在收銀機內的定額零用金 (4)當顧客進門，聽到叮咚的聲音時要喊「歡迎光臨」。

解析 簡化結帳作業不包含招呼進門的顧客。

(❸) 15.下列哪一項不是收銀櫃檯業務的範圍？(1)金錢管理及發票開立 (2)顧客退、換貨及送貨等處理 (3)商品過期及報廢作業 (4)面銷及互動關係建立。

解析 商品過期與報廢屬於商品作業範圍，並非屬於櫃檯業務範圍。

(❶) 16.下列哪一項敘述不是櫃檯商品、道具及用品作業？(1)櫃檯商品以多樣

化、多量陳列以方便管理　(2)櫃檯內重點或高價商品應列入點交範圍　(3)櫃檯內現金或高價商品遺失者少，人為短者多　(4)檢視商品性質提供必要的服務。

解析 櫃檯空間有限，陳列應該多樣少量，體積小方便管理為主。

（　）17.下列何者不是有關櫃檯人員接待客人的態度的描述？(1)用語禮貌親切及主動問候　(2)當客人主動詢問須積極應對　(3)離櫃遠的商品應用手指出明確方向讓顧客自行尋找　(4)主動告知客人新的活動。　❸

解析 替顧客指引商品時應該親自帶顧客到該商品處。

（　）18.小明昨天購買T恤欲退貨時，下列何者為櫃檯退貨的正確流程？(1)已拆包裝不可退，未包裝部分做退貨再新開立發票及退款給小明　(2)原開立的發票收回作廢後，退款給小明　(3)視公司規定退貨，如特價商品或換季商品不可退款　(4)請小明換貨並補差額。　❷

解析 門市收取發票後，即可辦理退貨退款作業。

（　）19.當顧客急需換零錢打電話，拿一張千元鈔，收銀人員應該如何做較為妥當？(1)接受並委婉告知顧客會花一些時間，因需要小額零錢當面核對及分辨千元鈔的真偽　(2)接受但較費時告知客人須等有空再協助　(3)委婉告知顧客，不方便換零錢，可到附近銀行或門市更換　(4)為了避免收到假鈔，委婉告知客人一律不收千元鈔。　❶

解析 避免拿到偽鈔而必須仔細檢驗，並請顧客稍後，當面點交避免糾紛。

（　）20.開立發票不同號碼時，下列何種步驟是不正確的？(1)收執聯及存根號碼對調或同步　(2)視收銀機型類設定號碼　(3)關機再開機啟動使用　(4)向上呈報並記錄處理。　❸

解析 收銀機關後再開啟無法使發票號碼變成相同。

（　）21.下列裝袋作業何者不正確？(1)重物及大型商品置於袋底　(2)豆腐、雞蛋等易碎商品不能放於重物下　(3)為方便消費取用，便當及冷飲儘量裝在同一袋　(4)香皂因味道易沾附其他商品應分裝。　❸

解析 便當為熱食，冷飲是冷食，不同溫度不能裝再一起。

（　）22.下列哪一項不是作廢發票可能產生的原因？(1)交易取消　(2)前筆更正　(3)卡紙重印　(4)退貨。　❷

解析 前筆更正不會使發票作廢，仍可繼續為顧客結帳。

（　）23.下列何者是正確的使用收銀機的敘述？(1)一組統一發票可以列印200　❷

張　(2)更換發票須檢視號碼或裝置是否正確　(3)發票不足時暫時可使用上月空白未使用過的發票開立　(4)顧客未帶走發票可留置門市對獎當基金。

解析 一組發票可印250張；發票不足不可使用跨月發票；顧客未帶走的發票應該上呈銷毀。

（　）24.下列哪一項不是收銀機櫃檯結帳時常犯的錯誤的服務態度？(1)緊跟在旁　(2)不理不睬　(3)一問三不知　(4)更換商品時表情不悅。　❶

解析 收銀櫃檯不會有緊跟在旁的服務。

（　）25.下列何項為統一發票開立的行為不必受罰？(1)未主動將已開立的統一發票交於顧客　(2)漏開發票或顧客未主動索取而漏開統一發票　(3)已提醒交付予消費者而未取走的發票則可保留　(4)停電時可開立手寫發票。　❹

解析 停電時必須開立手寫發票給顧客而不會受罰。

（　）26.下列有關鈔券防偽功能何者為誤？(1)迎光透視，檢視水印及隱藏字　(2)轉一轉條狀「光影變化箔膜」，輕轉時有七彩光影變化　(3)變色油墨由金色變綠色；變色窗式安全線由紫色變綠色　(4)主要圖紋係電腦彩色噴墨印，色彩鮮明條紋細緻。　❹

解析 鈔票並非電腦彩色噴印，是由中央印製廠特殊墨水印製而成。

（　）27.下列哪一項有關收銀機現金盒陳列的敘述是不正確的？(1)每班點交足量鈔券及零錢以利找換　(2)為方便結算營業額，相關單據或現鈔皆應留置於收銀機內　(3)現金盒中放置鈔券應平放並避免顏色相近誤用　(4)現金盒中放置銅板應以順序陳列，以方便取用。　❷

解析 相關單據與鈔票不應同時放在收銀機內，應該分開放置。

（　）28.下列哪一項有關現金管理的敘述是不正確的？(1)每天視營業狀況更換可供兌換零錢及鈔券數量即可　(2)多餘現金不可留置收銀機內，應存放於金庫　(3)若不慎收到偽鈔應委婉地告訴客人，並請對方檢查，如果客人離開後才發現收到的是偽鈔，千萬趕快使用掉　(4)良好的現金管理可減少問題，還可以避免被搶，保障自身安全。　❸

解析 收到偽鈔時，應該立刻報警。

（　）29.有位看似高中生學生欲購買88牌香菸1條，此時站櫃檯的您怎麼做才正確？(1)以營業為先，自己判斷應該沒問題即可販賣　(2)問其年齡是否已符合法律規定，其回覆有即可販賣　(3)依法律販賣菸酒的負責人或　❹

從業人員不得供應菸酒予未滿十六歲者，因此可以賣給高中生　(4)未能確定顧客年齡時，請其出示證明以判斷符合十八歲才可販賣。

> **解析** 無法確認顧客年齡時，一定要請其出示身分證才可販賣。

( ) 30.有關收銀櫃檯的四周陳列下列哪一項敘述有誤？(1)滯銷品陳列於櫃檯前以增加週轉　(2)櫃檯前後不可堆放備用物品　(3)櫃檯以展示商品或衝動性購買商品為主　(4)收銀臺前至少須有容納2人同時通過的寬度。 ❶

> **解析** 滯銷品陳列至櫃檯，無法增加迴轉率，而應該陳列於暢銷品。

( ) 31.小美趁接班人員不注意於交班點交完後取走櫃檯現金2,000元，而小朱至店接小美下班趁機取走店內電話卡500元，下列敘述何者是不正確的？(1)小美為執行業務之人故業務侵占罪成立　(2)爾後只要是補款或返還原物即不構成犯罪　(3)小朱為竊取者故竊盜罪成立　(4)小美須提醒小朱，電話卡須付款結帳。 ❷

> **解析** 兩人都是竊取他人財產，都會構成竊盜罪。

( ) 32.有關櫃檯管制作業下列敘述何者不正確？(1)重點商品管制表使用　(2)交接班須點交　(3)櫃檯不可放置高單價商品　(4)離櫃及門市檢查。 ❸

> **解析** 高單價商品可置於櫃檯後方，避免顧客偷走高單價商品。

( ) 33.下列有關早班人員下班離開櫃檯時的敘述何者是不正確的？(1)整理作廢發票及各種鈔券　(2)應填具交接班結算作業　(3)整理櫃檯周邊環境　(4)交付及說明已完成事務。 ❹

> **解析** 交接班時不需要說明完成事項，只需交接工作上的業務。

( ) 34.下列收銀結帳步驟的排序，何者是正確的：A.感謝用語；B.商品登錄；C.商品裝袋；D.招呼用語；E.找零作業？(1)A→B→C→D→E　(2)B→D→C→E→A　(3)D→B→E→A→C　(4)D→B→C→E→A。 ❹

> **解析** 招呼顧客→商品結帳→商品裝袋→找零作業→感謝顧客光臨。

( ) 35.小芬至百貨專櫃購買衣服，結帳後發現將標價10,000元看為1,000元，但是現金不足，此時收銀的作業下列何者不正確？(1)可建議小芬退一至二項商品，再回收原先發票重開正確發票　(2)詢問是否有信用卡或現金抵用券可視為等值現金　(3)請其購物時應看清楚標價以避免作業錯誤　(4)若決定不買則回收發票作廢並註明退貨原因。 ❸

> **解析** 不可以對顧客有質疑的態度，這是很不尊重的。

工作項目 06 顧客服務作業

(3)1.下列哪一項不是客訴事件的一般處理階段？(1)傾聽顧客的抱怨　(2)向顧客道歉並探討原因　(3)據以力爭以商店立場解釋　(4)提出問題解決的方法。

解析 遭受客訴時，不可對顧客的意見起爭執，應該尊重顧客。

(1)2.商店在處理客訴事件時，哪一項是正確的處理？(1)先傾聽平息客人怨氣為優先，再處理客訴　(2)以商店利益為優先考量　(3)以媒體報導為優先處理　(4)不是商店缺失要先向顧客道歉，再委婉說明並取得顧客的諒解與了解。

解析 傾聽顧客、了解問題才可以處理客訴事件。

(2)3.門市服務人員因言語應對的關係引起顧客憤怒時，應如何處理？(1)由主管人員當場要求該門市服務人員立即向顧客道歉　(2)由主管人員邀請顧客到接待室進行事件了解與處理　(3)由主管人員當場探討事件原因並處理　(4)由門市服務人員負責處理。

解析 請顧客到貴賓室裡面稍候，如此處理可以降低顧客的不安情緒。

(1)4.下列何者為門市服務不應有的服務行為？(1)如果不滿意，就再招呼下一位顧客　(2)面對顧客要展露微笑　(3)產品良好、種類齊備、服務態度更重要　(4)只看不買的顧客仍要幫忙，為其服務。

解析 不可以對顧客不尊重，應該要讓顧客滿意而歸。

(2)5.門市服務人員向顧客推薦商品時，應掌握何種要領才能使顧客滿意？(1)推薦最新上市的商品　(2)推薦符合顧客需要的商品　(3)推薦價位最高的商品　(4)推薦價位最低的商品。

解析 確實推薦顧客需要的商品才能使顧客滿意。

(3)6.下列何者並非是提高顧客交易成功率的狀況？(1)與顧客保持良好關係　(2)顧客正面的情緒　(3)客怨良好的處理　(4)不斷跟催及說明，提高交易的次數。

解析 客怨處理對顧客交易成功率沒有直接關係，只會影響商店名譽。

(3)7.下列何者是門市的售後服務？(1)門市清潔　(2)商品陳列　(3)受理退換貨　(4)正確、禮貌且迅速的結帳。

解析 退換貨作業是屬於售後服務。

（ ）8.下列何者是追求卓越門市服務品質的有效方法？(1)擬定一套「服務準則」強制員工達到準則規定的服務水準 (2)讓員工參與研擬服務品質提升的辦法鼓勵員工主動改進服務品質 (3)舉辦競賽活動刺激員工提升服務品質 (4)擬定獎勵辦法誘使員工達到獎勵水準。 ❶

解析 遵照標準服務準則，可以使員工照著服務水準接待顧客。

（ ）9.當顧客對門市服務不滿意時，90%以上的顧客會如何？(1)向商店提出抱怨 (2)忍氣吞聲以後仍繼續光顧 (3)與門市服務人員發生衝突 (4)默默離去以後不再光顧。 ❹

解析 顧客不滿意時，通常都會直接離開門市且不再上門光顧。

（ ）10.與顧客建立良好的關係下列敘述何者為誤？(1)依據顧客的需求提供適當的服務 (2)收集顧客的意見作為改善依據 (3)不會抱怨的顧客，滿意度高 (4)服務顧客須滿足內外顧客的需求。 ❸

解析 不會抱怨的顧客，很容易從此不再上門，並非滿意度高。

（ ）11.什麼方法能使門市服務超越顧客的期望？(1)親切且立即的招呼 (2)正確且迅速的服務 (3)提供意想不到的服務 (4)提供明確的建議。 ❸

解析 提供與預期之外的服務可以讓顧客感受期望更深。

（ ）12.面對猶豫不決的顧客，門市服務人員應如何應對？(1)催促顧客下決定 (2)交給其他服務人員接手 (3)交給店長處理 (4)以肯定的語氣介紹商品，並適時給予決定性的建議。 ❹

解析 猶豫不決的顧客更需要店員肯定的語氣，並適時給予建議。

（ ）13.面對百般挑剔的顧客，門市服務人員應如何應對？(1)催促顧客下決定 (2)規避推諉顧客不滿意的原因並推薦其他的商品 (3)不予理會 (4)儘快找到具體有效的處理方式，或視管理權限請店內管理人員協助。 ❹

解析 百般挑剔的顧客應該趕緊找到最適宜的處理方法以解決顧客疑慮。

（ ）14.如何使閒逛型顧客自動購買商品或留下良好印象的敘述下列何者不正確？(1)精心設計的店面以及門市服務人員態度親切熱誠 (2)探詢顧客潛在的需要並介紹適當的商品 (3)請顧客務必留下資料以提供銷售推薦 (4)門市服務人員可主動和顧客攀談，再找適當時機將話題轉到商品上面。 ❸

解析 閒逛型顧客通常只是想了解商品，留下資料可以讓顧客倍感窩心。

（ ）15.如果您正在接待顧客，正好電話響起，您應該如何應對？(1)拿起電話向顧客說明後再背對顧客簡單扼要的回電或交談 (2)拿起電話側身對 ❶

向顧客自然的交談　(3)拿起電話面對顧客旁若無人的交談　(4)不接電話。

解析 先告知顧客要接電話，請顧客稍候，再盡速將電話簡短扼要處理掉。

(　)16.顧客進入商店之後，就東張西望好像在找什麼東西似的，這時候門市服務人員應該如何應對？(1)不予理會　(2)先不招呼但暗中注意　(3)親切的上前詢問顧客需要什麼　(4)只説：「歡迎光臨！」。 ❸

解析 主動招呼顧客可以讓顧客感受尊重。

(　)17.當顧客詢問門市服務人員某項商品的位置時，門市服務人員應如何應對才能獲得顧客良好的印象？(1)恭敬的用手指著正確的方向説：「在那裡！」　(2)對顧客説：「在那裡，請跟我來！」然後將顧客帶領到陳列地點　(3)用手指著正確的陳列方向　(4)對顧客説：「請循著標示牌找」。 ❷

解析 告知顧客商品時，應該親切的說明並帶著顧客到該商品處。

(　)18.顧客走進商店之後，什麼時候是門市服務人員接近顧客而不會驚嚇到顧客的最佳時機？(1)顧客瀏覽商品時　(2)顧客好像在尋找商品時　(3)顧客全神注視某個商品時　(4)顧客用手接觸某個商品一段時間後。 ❹

解析 當顧客接觸商品一段時間就表示顧客可能針對商品有疑問，此時就可以提供服務。

(　)19.改善門市服務品質的時機是在什麼時候？(1)發現顧客有不滿意的時候　(2)處理顧客抱怨以後　(3)是每天且持續性的活動　(4)店長發現門市服務品質下降的時候。 ❸

解析 門市服務品質是無時無刻都必須要進行的活動。

(　)20.什麼是門市服務人員應該提供的「良好服務」？(1)將顧客需要的商品交給他們　(2)向顧客説明商品使用的方法　(3)協助顧客選購商品　(4)提供顧客所需的商品及良好的服務態度。 ❹

解析 良好服務就是顧客需要甚麼商品與服務就讓顧客滿意。

(　)21.門市服務人員穿制服是為了什麼？(1)美觀　(2)區別顧客與門市服務人員　(3)規定統一的美觀與統一的服務品質　(4)區別是在辦公事還是辦私事。 ❸

解析 穿統一的制服可以提升門市觀感，也可以統一服務品質。

( ) 22.門市服務人員介紹商品，並促使顧客購買該商品，下列何者為誤？(1) **④**
詳細介紹商品的特點　(2)讓顧客實際試用商品　(3)拿出顧客所需商品
讓顧客挑選　(4)強力推銷。

解析 對顧客的銷售不可以強力推薦，會讓顧客感到不安、惶恐。

( ) 23.門市服務人員應如何對待老顧客？(1)一律同等接待　(2)特別熱忱對待 **④**
(3)冷漠的對待　(4)將老顧客從其他顧客引開給予特別對待。

解析 老顧客是門市的商機，應該要給予更禮遇的待遇或服務。

( ) 24.當顧客所擁有的商品知識比門市服務人員還豐富時，門市服務人員應 **③**
如何應對？(1)不懂裝懂和顧客交談　(2)對顧客說：「對不起！我不太
清楚！」　(3)對顧客的專業知識表示敬意並反過來向顧客請教　(4)避
重就輕的和顧客交談。

解析 顧客更了解商品知識時，應該對顧客表示敬意，必要時可請教。

( ) 25.當顧客詢問：「有A品牌商品嗎？」，門市沒有販售時，服務人員應如 **①**
何應答，顧客才不會覺得被拒絕？(1)我們現在只有B品牌商品　(2)我
們不賣A品牌商品　(3)我們現在沒有A品牌商品　(4)我們沒賣A品牌商
品。

解析 委婉的告知顧客只有販售其他產品，並適時推薦給顧客參考。

( ) 26.下列哪一種說法比較能順利促成顧客購買？(1)東西好，價錢當然會貴 **③**
囉！　(2)已經是最便宜的價格了　(3)這個商品雖然價錢稍微高一點，
但是品質卻是最好的　(4)若你預算只有這些，那就另一個好了。

解析 委婉的告知顧客，可以讓顧客認為商品價值超過價格。

( ) 27.下列對顧客需求的回應何者敘述正確？(1)價錢比別家便宜　(2)只看不 **④**
買不用提供服務　(3)服務顧客給予微笑　(4)重視顧客服務，替顧客著
想的服務表現。

解析 尊重顧客的意見服務顧客，是門市服務的基本水準。

( ) 28.門市服務人員應該如何接待快打烊的時候才來的顧客？(1)在顧客面前 **④**
進行打烊作業　(2)在顧客面前表現出急躁不安的樣子　(3)告訴顧客快
要打烊請他「欲購從速」　(4)安撫顧客讓顧客心情平穩慢慢選購。

解析 對於顧客打烊前上門應表示更歡迎，讓顧客慢慢挑選。

( ) 29.門市服務人員對待抱怨的顧客的基本態度是什麼？(1)耐心的傾聽　(2) **①**
不斷的道歉　(3)據理力爭　(4)敢怒不敢言。

解析 尊重顧客的抱怨，耐心聆聽才是基本的服務態度。

( ) 30.處理顧客抱怨的目標何者為非？(1)找出顧客不滿意的癥結，作為改進參考　(2)顧客的問題視重要程度再安排解決　(3)檢討改善避免錯誤再度發生　(4)得到顧客再度的信賴。　❷

解析 不可以視顧客問題程度決定解決方式，應該每一件客訴都要耐心處理。

( ) 31.當顧客要買的商品賣完時，門市服務人員應如何應對才能避免顧客抱怨？(1)告訴顧客商品賣完　(2)立刻查詢何時貨會送到再請求顧客屆時再來　(3)告訴顧客該商品因為銷路太好目前缺貨　(4)告訴顧客商品賣完並請顧客到別家商店去買。　❷

解析 應該及時幫顧客做商品調貨作業，避免客訴，再請顧客再次光臨。

( ) 32.處理電話抱怨何者為非？(1)耐心傾聽　(2)記錄顧客的姓名、地址、電話號碼與抱怨內容　(3)務必登門拜訪　(4)說明事情的原委。　❸

解析 登門拜訪未必可以解決顧客抱怨問題。

( ) 33.大多數的顧客會將心中對商店的不滿告訴誰？(1)門市服務人員　(2)店長　(3)親朋好友　(4)新聞記者。　❸

解析 顧客消費後不滿意，會回家告訴親朋好友別再上門。

( ) 34.對於零售店而言，持續的顧客服務的認知何者為非？(1)目的創造競爭優勢　(2)不斷注意顧客需求的變化　(3)不斷提升服務的品質　(4)做到顧客期待即可。　❹

解析 不是只有顧客期待就好，要超越顧客期望，提升顧客忠誠度。

( ) 35.如何能先知先覺的彌補或改善顧客不滿意的問題？(1)設置免費服務電話　(2)預先對顧客滿意度瞭解或調查　(3)設置意見箱　(4)設置顧客服務部。　❷

解析 預先了解顧客不滿並進行問題調查就可以事先解決。

( ) 36.持續對門市服務人員做在職訓練的最終目的是什麼？(1)降低門市服務成本　(2)提升門市服務人員工作速度　(3)留住顧客　(4)留住門市服務人員。　❸

解析 訓練門市服務人員主要就是要留住顧客，培養長期顧客。

( ) 37.顧客抱怨是商店的什麼？(1)機會　(2)威脅　(3)失敗　(4)災難。　❶

解析 顧客之所以會抱怨就是表示顧客能夠再次期待，是商店的機會。

( ) 38.由於門市服務人員是直接接觸顧客的人，所以門市服務人員的表現會　❷

影響顧客對何者的印象？(1)門市服務人員　(2)商店　(3)店長　(4)商品。

解析 門市人員的行為舉止都會影響到商店的名譽、業績。

( ) 39.門市服務人員在提示商品時，應避免太刺激顧客的行為有哪一項？(1)拿商品給顧客看　(2)説明商品的特點　(3)鼓勵顧客試用或試吃　(4)極力慫恿顧客購買。　**❹**

解析 建議顧客挑選商品時，不可強迫顧客購買，應尊重顧客選購權利。

( ) 40.為了銷售產品所提供的一切活動，以及與商品銷售有關的周邊活動，以提供顧客利益、滿意等等的行為稱之為？(1)行銷　(2)品質　(3)服務　(4)策略。　**❸**

解析 提供顧客滿意的一切行為活動，都是在服務顧客。

( ) 41.有滿意的顧客才有忠實的顧客，每一個行銷人員心中的金石玉律為何？(1)商品品質　(2)顧客滿意　(3)銷售業績　(4)行銷策略。　**❷**

解析 顧客滿意才可以創造商店業績的提升。

( ) 42.以下的「服務接觸形式」中，何者不算？(1)遠距接觸　(2)電話接觸　(3)超接觸　(4)面對面接觸。　**❸**

解析 超接觸並無實質定義，無法瞭解超接觸是什麼服務型態。

( ) 43.商店內誰該執行顧客滿意服務？(1)店員　(2)店長　(3)老闆　(4)所有人員。　**❹**

解析 所有人員都該了解顧客對門市的滿意程度。

( ) 44.下列何者不是顧客抱怨的三階段處理方式？(1)理解顧客發怒的情緒　(2)説明公司規定，並堅定立場，以公司利益為最高目標　(3)確認事實、做適切處理　(4)感謝顧客提出的指教，並希望繼續光臨。　**❷**

解析 顧客抱怨應該以顧客意見為主。三階段：了解→處理→告知。

( ) 45.有效運用話題以拉近與顧客之間的距離，應避免：(1)政治話題　(2)影歌星八卦　(3)社區動態　(4)哈日新聞。　**❶**

解析 政治話題較為敏感，不應與顧客談論此類話題。

( ) 46.下列何者不是正確處理客訴應有的態度與方式？(1)正確掌握客訴原因，並即時道歉　(2)仔細傾聽不插話，讓顧客一吐為快　(3)處理客怨時，專心處理，暫時不用管其他顧客的感受　(4)展現積極的處理態度，挽回顧客信賴。　**❸**

解析 處理客戶抱怨時，應尊重顧客，專心處理。

（　）47.下列何者不是培養長期顧客的措施？(1)新商品（技術）的開發　(2)顧客情報的提供　(3)委外經營　(4)顧客的關係培養。　❸

解析　委外經營等於是將門市交給別人管理，無法培養長期顧客。

（　）48.範圍最廣泛，從兒童到老人都有可能會在未來成為企業的購買者稱為？(1)過去的顧客　(2)現在的顧客　(3)未來的顧客　(4)潛在的顧客。　❸

解析　任何現在到未來都有可能成為顧客是屬於未來的顧客。

（　）49.從顧客角度去看企業的從業人員，包括基層員工、主管甚至股東都列為？(1)外部顧客　(2)基層顧客　(3)內部顧客　(4)特別顧客。　❸

解析　員工、主管、股東都是公司的內部資產，也是內部顧客。

（　）50.門市退貨換貨原則中，最佳處理狀況為何？(1)是門市售出商品，有發票　(2)非門市售出商品，有發票　(3)非門市售出商品，沒有發票　(4)別的門市售出商品，沒有發票。　❶

解析　退換貨原則中，必須要該門市販售且有發票才可以進行退換貨。

（　）51.下列哪一種說法比較能讓顧客對特價商品有購買意願？(1)這是特價品，很便宜喔！　(2)這個商品有一點點污漬，所以才便宜賣出　(3)這個商品現在是特價期間，不買可惜！　(4)這是瑕疵品，才會這麼便宜。　❸

解析　委婉的告訴顧客，才能有效促成顧客購買慾望。

（　）52.當顧客申訴商品的灰塵很多，這是屬於何種顧客抱怨？(1)關於商品的申訴　(2)關於門市清潔的申訴　(3)關於顧客服務的申訴　(4)關於安全的申訴。　❷

解析　灰塵很多是屬於清潔問題。

工作項目 07 簡易設備操作

（　）1.下列何者不屬於耗損需定期保養的項目？(1)冷氣出風口的濾網　(2)燈管　(3)海報　(4)安全指示燈。　❸

解析 海報不是屬於可以保養的商品，過期應該撕掉。

（　）2.有關維護高照度燈光的描述何者不正確？(1)日光燈為主照射須均勻　(2)燈具大規模陳列整齊排列　(3)加強裝飾照度有變化及立體感　(4)照明範圍大，電力、角度影響照度。　❸

解析 加裝裝飾燈會使物品有陰影，無法突顯商品立體感。

（　）3.下列有關定期保養或維修制度的敘述何者不正確？(1)有計畫性的安排保養、維修與調整，能隨時保持最佳狀態，降低故障率　(2)能減少故障導致的營業損失　(3)避免無謂的維修費用支出　(4)能確保設備至使用的年限而不故障。　❹

解析 能夠使設備到達使用年限而且不會故障才是最好的維護保養。

（　）4.下列以緊急報修程度依序排列何者是正確的？(1)漏、淹水＞跳電＞自動門故障＞淨水器濾心更換　(2)自動門故障＞跳電＞淨水器濾心更換＞漏、淹水　(3)跳電＞漏、淹水＞淨水器濾心更換＞自動門故障　(4)淨水器濾心更換＞跳電＞漏、淹水＞自動門故障。　❶

解析 漏、淹水最先處理，其次跳電＞自動門故障＞淨水器濾心更換

（　）5.下列哪一項照明度可以美化、展現商品的色彩、材質等特徵美？　❹

(1)　　　　　　(2)　　　　　　(3)　　　　　　(4)

解析 投射燈可以增加商品的立體感，突顯商品。

（　）6.下列有關可提高門市視覺認知的門市設施或設備採用的敘述何者不正確？(1)新增招牌或汰換舊招牌　(2)增加店內外照明亮度　(3)播放音樂　(4)降低陳列架高度。　❸

解析 播放音樂只會增加聽覺認知，不會增加視覺。

（　）7.下列哪一項有關可誘導顧客來店的敘述何者不正確？(1)店內照明亮度約為一般店3至4倍　(2)強化展示櫃陳列的差異　(3)確保主通道的寬度　(4)縮短顧客的動線。　❹

解析 縮短顧客動線只會使客人覺得商店狹小，若顧客不滿意，下次不會再光臨。

( )8.下列哪一種門市貨架具備消費者的靠近性及順手購買的特質，可用來陳 **④**
列體積小單價低的商品？(1)牆面貨架　(2)端架（End）　(3)中間島型
貨架　(4)收銀機前小型貨架。

解析 結帳時利用收銀機附近的貨架可以讓顧客順便選購。

( )9.下列哪一項是不需要每天管理的營業設施？(1)空調設備的開放　(2)監 **③**
視設備的錄影　(3)賣場布置物的更新　(4)冷藏冷凍溫度的檢查。

解析 賣場布置不需要每天更新。

( )10.下列哪一項不是使用門市設施配置的注意要點？(1)室內陳設對過往行 **③**
人是否有吸引力　(2)騎樓保持通暢無礙無障礙物　(3)夏季空調舒適度
以溫度越低越好　(4)通道是否讓顧客行走不便。

解析 空調的溫度應該要適當。

( )11.下列哪一項是不會設置於門市的電子訂購系統（EOS）設施？ **❶**

(1) (2) (3) (4)

掌上型終端機　　大型伺服器主機　　電話　　　　電腦

解析 大型伺服主機通常位於總部，不會放在門市裡面。

( )12.好的音樂及音響是氣氛的最佳演出者，下列哪一種音樂適於在零售場 **❷**
所播放？(1)強烈異國風音樂　(2)輕快的輕音樂　(3)流行音樂　(4)宗
教音樂。

解析 輕快的音樂可以使人放鬆心情去購物消費。

( )13.如果電話不通時下列哪一種處理是不正確的？(1)若是停電所造成，來 **❶**
電即可恢復　(2)若是電話線或電線脫落插入即可　(3)用手機撥打障礙
臺查詢外線電話是否故障　(4)若話機故障則換話機即可。

解析 停電時電話仍然可以使用。

( )14.下列有關門市設備管理的敘述何者不正確？(1)若為電源類機器先檢查 **❷**
是否未開啟或電線脫落　(2)機器設備若於使用年限內非人為故障則免
費維修　(3)每次維修皆應記錄才有完整紀錄　(4)定期保養的優點係可
降低故障頻率及維修次數。

解析 機械設備有保固期，超過保固期時無法免費檢修。

( )15.下列哪一項收銀機狀況無法自行排除故障？(1)掃描器沒亮無法掃描 **❶**
(2)收銀機卡紙　(3)發票紙張不同步，號碼不同　(4)發票印字不清楚。

掃瞄器可能是燒毀，發票印字不清楚可能是色帶需要更換，發票紙張只要重新安裝更換即可。

( ) 16.下列門市機器設備中，何者不需時常注意其溫度：(1)照明設備　(2)冷藏、冷凍系統　(3)空調設備系統　(4)蒸包機。　**❶**

解析 照明設備不需要控制溫度，只要照明光線充足即可。

( ) 17.店舖計畫性的維護保養專業知識不具有下列何種特性？(1)全面性的　(2)系統性的　(3)時效性的　(4)一致性的。　**❹**

解析 任何機械設備的保養方式不同，不可能會一致。

( ) 18.門市設施設備不包括：(1)空氣門、冷氣　(2)收銀機POS、UPS　(3)花車、DM、海報　(4)購物袋。　**❹**

解析 購物袋不是設備，是屬於商品。

( ) 19.以下何者不屬於傳統監視系統元件？(1)錄放影機　(2)電源器　(3)螢幕　(4)保全防盜系統。　**❹**

解析 保全防盜系統是屬於通報系統，無法監看。

( ) 20.對門市設備的了解，不包括下列何項？(1)外觀及各部位的名稱　(2)機器特性及使用方法　(3)購買機器金額　(4)機器規格。　**❸**

解析 門市機器不需要了解金額，非工作知識。

( ) 21.POS系統的效益何者為非？(1)縮短帳目結帳時間　(2)管理無條碼品項　(3)降低缺貨量　(4)降低結帳錯誤率。　**❷**

解析 POS是利用條碼輸入控管商品，因此無法管理無條碼商品。

( ) 22.POS硬體設備不包括以下何者設備？(1)條碼閱讀設備　(2)掌上型終端機　(3)終端機　(4)印表機。　**❷**

解析 掌上型終端機是屬於盤點使用，並非POS設備。

( ) 23.下列何者非POS系統的功能？(1)防止人為舞弊　(2)蒐集商品資訊　(3)增加重複作業　(4)強化採購管理。　**❸**

解析 POS系統不會增加重複作業，重複作業是缺點。

( ) 24.下列何者非收銀機的特色？(1)體積空間小　(2)合併式架構　(3)穩定度最高　(4)功能度最強。　**❷**

解析 收銀機並非合併式架構，而是採用獨立個體。

( ) 25.下列何種機器設備，不需要每日進行清理？(1)冰箱　(2)瓦斯爐　(3)冷氣機　(4)冰沙機。　**❸**

解析 冷氣機不需要每日清洗，每週、每月定期清理即可。

(） 26.簡易障礙情況的處理，下列何者為非？(1)完全沒有把握的要找廠商支援以免製造更大的麻煩　(2)廠商維修時，不必了解問題發生的原因、排除的方法、預防的要領，累積維修經驗，一切交由專業的維修單位處理即可　(3)稍微的不小心都會導致嚴重的後果，畢竟水、火、電都具有危險本質的　(4)平常有計畫的保養，可以預防一切維修問題的發生，而預防當然勝於治療，如何預防同樣的問題發生要擬定及執行平常的保養計畫。　　　　　　　　　　　　　　　　　❷

解析 廠商當然要了解問題發生原因，維修單位才可快速準確修繕，且門市人員更了解機器使用，可以降低故障機率。

(） 27.機器設備應於何時保養維護最為恰當？(1)門市內沒有顧客且手邊沒有其他工作時再進行　(2)機器故障時才需保養維護，太常維護則會增加費用支出　(3)機器設備在使用年限結束前都不需保養，只需在到達使用年限時報廢即可　(4)機器設備需有定期例行性的檢查或測驗，以確保機器功能及品質的穩定。　　　　　　　　　　　　　　❹

解析 定期檢查與維護可以確保功能穩定。

(） 28.遇機器故障時應如何處理？(1)如果自己會修就自己動手修，如果不會修就等店長回來修　(2)若機器故障並不影響生意，則可不用在意　(3)須提報維修申請，並記錄報修日期及原因　(4)立即報廢，且為了不影響店面的營運，應馬上申請購進新設備。　　　　　　　　　　❸

解析 機器故障時應通報維修，並且記錄日期原因備查。

(） 29.下列何者非安全維修機器設備原則？(1)以濕手觸摸　(2)切斷電源　(3)反手接觸　(4)使用適當工具。　　　　　　　　　　　　　　　❶

解析 維修機器時不可以雙手浸濕，以免電到自己或造成機器損壞。

(） 30.收銀機的操作步驟為何？甲、以掃瞄器掃瞄條碼（商品編碼）或用人工打入價錢及部門鍵；乙、打入代號（或按責任鍵），以確立權責；丙、收取現金，並找錢；丁、按「小計」告知顧客付款金額：(1)甲乙丙丁　(2)甲丙丁乙　(3)乙甲丁丙　(4)乙丙丁甲。　　　　❸

解析 打入責任代號→刷商品條碼→告知顧客金額→收取現金並找零。

(） 31.將該機器設備描述其來源、原理、操作、維修、零件功能、注意事項等，稱之為：(1)維修服務單　(2)產品保證書　(3)使用說明書　(4)商品計畫書。　　　　　　　　　　　　　　　　　　　　　　❸

解析 使用說明書內詳細規定使用方式、流程、操作原理等內容。

( ) 32.以下門市機器設備的操作與使用，何者為非？(1)熟悉門市設備並列冊管理 (2)定期保養 (3)了解機器設備的安全性 (4)操作彈性化。 ❹

解析 操作機器應該符合安全規定及使用說明，不可隨意變更。

( ) 33.門市服務人員遇停電時需：(1)靜待電力恢復 (2)報修 (3)不用確認來電時間 (4)先關閉店內所有開關再開一盞照明燈開關。 ❹

解析 停電時應立即關閉電源，並準備緊急照明燈。

( ) 34.學習曲線並非掌握下面哪一方面？(1)觀念方面 (2)專業知識及技術方面 (3)工作職掌方面 (4)道德方面。 ❹

解析 道德方面並非涵蓋在訓練學習範圍內。

( ) 35.在機器設備的安全或及保養維護方面不可運用過大或過小的工具會破壞設備，是以下那一個原則？(1)乾手原則 (2)反手原則 (3)切斷電源原則 (4)適當工具原則。 ❹

解析 使用適合的工具做維修保養，是指適當工具原則。

工作項目 08 環境及安全衛生作業

( ) 1.所謂中等商圈,其範圍應屬:(1)徒步圈 (2)腳踏車圈 (3)汽機車圈 (4)交通主動脈圈。 ❸

> **解析** 汽機車可達門市距離的商圈,屬於中等商圈;徒步與腳踏車屬於小商圈;火車等交通主動脈為大商圈。

( ) 2.連鎖店商圈規劃以何為中心點?(1)門市所在點 (2)主要商業區 (3)市中心 (4)住宅區。 ❶

> **解析** 規劃商圈的範圍中心,就從門市所在地開始計畫。

( ) 3.動線是指店內的:(1)顧客採購 (2)人與物品 (3)上下架商品 (4)顧客與員工 移動的路徑與通道。 ❷

> **解析** 動線包含員工、顧客、商品的移動路線。

( ) 4.所謂門市安全管理即是對:(1)現金 (2)人員 (3)生財設備 (4)表單 做安全措施的管理,以上何者為非。 ❹

> **解析** 門市資產:現金、員工、器材等生財設備,均需做安全控管;表單屬於安全措施管理項目。

( ) 5.門市安全營運應先建立員工的:(1)問題意識 (2)服務意識 (3)防災意識 (4)報告制度。 ❶

> **解析** 確實使員工了解問題的嚴重性,才可以避免問題發生。

( ) 6.發現類的問題是指:(1)實際已發生,且都認知的問題 (2)與應有狀態對比而發掘出的問題 (3)預測未來而描繪出的問題 (4)突然發現的問題。 ❷

> **解析** 比對後得到的結論是還沒發生過,此類情況就是「發現類」。

( ) 7.救火類的問題是指:(1)實際已發生,且都認知的問題 (2)與應有狀態對比而發掘出的問題 (3)預測未來而描繪出的問題 (4)正在發生的問題。 ❶

> **解析** 救火就是已經發生了,而且已經知道問題的情況。

( ) 8.預測類的問題是指:(1)實際已發生,且都認知的問題 (2)與應有狀態對比而發掘出的問題 (3)預測未來而描繪出的問題 (4)可能發生的問題。 ❸

> **解析** 還沒發生,用推測假想出來的情況就是「預測類」。

（　）9.問題意識是提醒門市服務人員必須要有：(1)敏感性　(2)警覺性　(3)直覺性　(4)思考性。　**❷**

解析 店員應該隨時提高警覺性，避免意外發生。

（　）10.門市偷竊的發生時機多在：(1)顧客很多　(2)店員人多　(3)店員清閒　(4)顧客很少　時。　**❶**

解析 當顧客越多時，店員很容易分散注意力，也就很容易因此讓歹徒有機可乘。

（　）11.門市事業廢棄物主要為：(1)廢水、垃圾、廢報紙　(2)廚餘、垃圾、廢紙　(3)垃圾、廢報紙、廢紙箱　(4)廢水、廚餘、廢紙箱。　**❹**

解析 門市廢棄物多為廢紙箱，其次是廢水、廢廚餘（餐飲門市）。

（　）12.以下何者不是門市處理搶劫狀況的程序？(1)人員安全優先　(2)避免刺激歹徒　(3)不可報警　(4)保持現場的完整性。　**❸**

解析 遭遇搶劫時應該找機會報警，利於逮住歹徒。

（　）13.門市安全管理普遍與：(1)供應廠商　(2)保全業者　(3)顧問公司　(4)物流廠商　合作。　**❷**

解析 保全公司可以協助保護門市安全。

（　）14.處理門市廢棄物應以：(1)資源回收　(2)與清運業者合作　(3)環保法規　(4)自行處理　為首要考量。　**❶**

解析 任何廢棄物都應該做資源回收。

（　）15.為預防門市搶劫，至少應有幾名員工負責一起開店及關店的工作？(1)一名　(2)兩名　(3)三名　(4)四名。　**❷**

解析 兩名以上的員工可以互相幫助，預防搶劫。

（　）16.以下何者不屬於門市安全系統？(1)監控系統　(2)保全系統　(3)POS系統　(4)警民連線。　**❸**

解析 POS系統只能提供倉庫管理、銷售管理、分析。

（　）17.如遇火災門市人員應先：(1)控制災情　(2)離開現場　(3)研究可能的原因　(4)報告主管。　**❶**

解析 想辦法控制災情，避免損失擴大或造成二度傷害。

（　）18.一般依火災發生性質可分四大類，以下何者為非？(1)油脂類火災　(2)電器類火災　(3)金屬類火災　(4)閃焰類火災。　**❹**

解析 火災分類中並無閃焰類。

（　）19.哪一種滅火器可對應四大類火災？(1)泡沫系列滅火器　(2)二氧化碳系列滅火器　(3)乾粉系列滅火器　(4)金屬系列滅火器。　**❸**

解析 乾粉類滅火器可以撲滅四大類火災。

（　）20.避難標示通常設置於各樓梯間與地下室，以下何者不屬於避難標示？(1)出口標示燈　(2)避難出口指標　(3)避難梯　(4)避難方向指示燈。　**❸**

解析 避難梯是屬於設施或通道，並非避難標示（標示、指示）。

（　）21.以下何項不是門市可能面臨的天災狀況？(1)地震　(2)風災　(3)水災　(4)搶劫。　**❹**

解析 搶劫不屬於天災。

（　）22.下列何者不是門市可能遭遇的不可抗力事件？(1)搶劫　(2)偷竊　(3)演習　(4)火災。　**❸**

解析 演習是實際發生，不是預料之外的事件。

（　）23.以下何者不屬於門市安全管理的內容？(1)消防安全　(2)賣場安全　(3)員工安全　(4)建築安全。　**❹**

解析 建築安全的防護應由總部管理。

（　）24.消費者在門市中滑倒受傷，屬於哪一種門市安全管理的內容？(1)消防安全　(2)賣場安全　(3)員工安全　(4)天災防範。　**❷**

解析 商店動線中發生的意外是屬於賣場安全範疇。

（　）25.員工上班途中遭遇車禍，屬於哪一種門市安全管理的內容？(1)消防安全　(2)賣場安全　(3)員工安全　(4)天災防範。　**❸**

解析 員工自身受到傷害是屬於員工安全範疇。

（　）26.無論是天災或不可抗力事件的狀況，在恢復現場前須先完成哪項作業，下列敘述何者為非？(1)拍攝災害現場照片　(2)報告總部處理　(3)等待員警視查指示　(4)直接清理即可。　**❹**

解析 災害事件應當保留現場，以便記錄事件完整性利於處理。

（　）27.毒蠻牛事件凸顯門市人員：(1)敏感性　(2)服務性　(3)警覺性　(4)處理性　不足。　**❸**

解析 毒蠻牛是瓶身被貼上不明標示，門市人員卻未發現，故屬於警覺性不足。

（　）28.門市可能遭遇的詐騙狀況，下列何者為非？(1)偽鈔　(2)偽卡　(3)詐欺取財　(4)惡作劇。　**❹**

解析 惡作劇並非詐騙行為。

( ) 29.商圈經營規劃可避免：(1)自相競爭 (2)過度競爭 (3)不當競爭 (4)高度競爭。 ❶

解析 互相競爭只會讓營業業績下滑，甚至名譽損失。

( ) 30.一般較適合開放加盟經營的店屬於：(1)小商圈店 (2)中型商圈店 (3)超大商圈店 (4)大商圈店。 ❶

解析 提供加盟者經營的以小型商圈最容易。

( ) 31.哪一項不是動線規劃的目的？(1)減少人潮衝突 (2)防止搶、竊、騙 (3)便利門市作業 (4)方便顧客採購。 ❷

解析 規劃動線不包含防搶竊騙的路線。

( ) 32.顧客燙傷處理程序：(1)沖脫泡蓋送 (2)沖洗包蓋送 (3)沖護療蓋送 (4)請顧客自行處理。 ❶

解析 正確的燙傷處理方法是沖脫泡蓋送。

( ) 33.收找錢時誦唸金額是門市安全作業中的：(1)警覺 (2)預防 (3)處理 (4)記錄 事項。 ❷

解析 重複誦唸可以避免失誤，是屬於預防項目。

( ) 34.留心門外可疑人事物，是門市安全作業中的：(1)警覺 (2)預防 (3)處理 (4)記錄 事項。 ❶

解析 提高警覺就可避免可疑人物滋事。

( ) 35.書面化的災害與事件處理實例是門市的：(1)存檔資料 (2)最佳教材 (3)操作手冊 (4)典章制度。 ❷

解析 有圖文為證，引以為前車之鑒。

( ) 36.餐飲門市食材料理須符合：(1)食品衛生法 (2)公平交易法 (3)消費者保護法 (4)智慧財產法 的相關規定。 ❶

解析 食品衛生法規定食材必須符合規定。

( ) 37.門市的偷竊事件多為臨時起意，故防範方式有：(1)千元大鈔放入收銀機 (2)設置監視器 (3)把顧客都當做小偷 (4)在後臺監看。 ❷

解析 監視器可以完整記錄案發過程，也可以預防犯罪。

( ) 38.維護門市安全須先保障：(1)財務安全 (2)自身安全 (3)顧客安全 (4)公共安全。 ❷

解析 維護自身安全再來談公共、財務安全。

（　）39.門市建立公共關係的對象以下何者不正確：(1)媒體　(2)顧客　(3)鄰居　(4)管區員警。　❶

解析 媒體關係的建立在於總部。

（　）40.無預警的停水或停電，除了會造成營業損失，還易引起：(1)詐騙　(2)水災　(3)火災　(4)地震。　❸

解析 恢復電力時，可能造成變壓器火花，致使火災發生。

（　）41.下列何者不屬於防搶預防方法？(1)對門市內外時刻保持警覺　(2)對於門市逗留或東張西望的顧客主動詢問需求　(3)千元大鈔立即投庫　(4)至金融機構匯款作業時，確實維持固定且熟悉路線，不任意更換。　❹

解析 相同的路線無法防止搶劫發生。

（　）42.當大型賣場火警警鈴鳴動時應立即：(1)打119報消防單位救災　(2)通知消防自衛編組人員查看是否失火或是警鈴誤觸動作，並同時廣播安撫顧客暫留原地等候進一步的通知　(3)立即廣播消防自衛編組人員動員疏散顧客，並同時進行初期滅火　(4)打110、119報警消單位會同處理，並同時疏散顧客。　❷

解析 先確認是否發生火警，並且安撫顧客情緒。

（　）43.發生火警逃生時，11以上樓層的避難引導不應考慮：(1)安全梯　(2)特別安全梯　(3)陽臺　(4)電梯。　❹

解析 發生火警時，搭乘電梯可能會因停電而受困。

（　）44.依我國法令規定自衛消防編組至少：(1)每月　(2)每季　(3)半年　(4)每年實施一次。　❸

解析 根據法令自衛消防編組最少半年實施一次。

（　）45.下列何者不是遭受搶劫時正確的處理方式？(1)人員安全優先　(2)避免刺激歹徒　(3)貴重財物保全第一　(4)立即報警。　❸

解析 遭遇搶劫時，安全第一，錢財其次。

（　）46.下列何者不屬於消防防災應執行的工作？(1)維持錄影監視系統的堪用　(2)消防安全設備的定期檢修　(3)定期實施防災教育與演習　(4)用火用電設施的定期檢修。　❶

解析 防災計畫中並未規劃監視系統。

（　）47.當顧客於店內發生小孩嚴重燙傷大聲喊叫，在呼叫119救護車未來以前可先實施的初期護理是：(1)緊急用牙膏或小護士油膏塗抹患部減輕疼痛　(2)實施沖、脫、泡、蓋、送五步驟　(3)用新開瓶醬油淋上患部減　❷

輕疼痛　(4)立即實施CPR人工心肺復甦術。

解析 正確的燙傷處理方法，仍是沖、脫、泡、蓋、送，這是燙傷處理唯一的不二法門。

（　）48.下列何者不屬於災害預防工作？(1)緊急通報系統的建立　(2)安全相關及重要設備的定期檢修　(3)緊急應變計畫的制定的演習　(4)員工定期傳染病健康檢查。

解析 員工傳染病檢查是屬於員工福利部分。

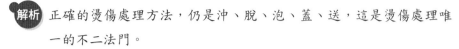

工作項目 09 職業道德

( )1.管理四用，以下何者為非？(1)用學習充實自我　(2)用愛心善待同仁　(3)用績效評核能力　(4)用同理心服務顧客。　❶

解析 充實自我屬於自我學習，並非公司管理四用。

( )2.捷運員工集體逃票，此為：(1)爭取員工福利　(2)公器私用　(3)微罪不舉　(4)媒體小題大作　的行為。　❷

解析 利用公司資源圖利自己，屬於公器私用行為。

( )3.經手門市內部機密資料與文件應：(1)善盡保密義務　(2)複印一份留底　(3)可與家人分享　(4)可與好朋友分享。　❶

解析 員工對於公司內部機密應確實保管妥當，切勿洩漏。

( )4.互助合作是為了：(1)讓別人分擔自己的工作　(2)得到主管認同　(3)怕做錯　(4)提高工作效率。　❹

解析 兩人以上的團隊互助合作模式是可以提高效率，事半功倍的。

( )5.就算明天就要離職還是要做好份內的事務，這是：(1)敬業　(2)合作　(3)團隊　(4)同理心　的表現。　❶

解析 如同當一天和尚敲一天鐘，也是敬業的表現。

( )6.設身處地考量別人的立場，這是：(1)敬業　(2)合作　(3)團隊　(4)同理心　的表現。　❹

解析 立場若為別人，將心比心，就是發揮同理心。

( )7.接聽電話應對時，要先：(1)等待對方先講話　(2)報上店名與問候語　(3)確認對方身分　(4)重複一次要點。　❷

解析 讓顧客知道電話撥給誰，並且要有親切有禮貌的問候。

( )8.經手現金必先：(1)點交清楚　(2)表達不負保管責任　(3)直接委由其他同事處理　(4)自行點算清楚即可。　❶

解析 任何現金都必須要點交清楚。

( )9.聽見他人對自己的批評應：(1)大聲反擊　(2)調頭走人　(3)虛心接受，有則改之，無則自勉　(4)如果是不對的批評不必接受。　❸

解析 尊重別人的意見，有錯就改正。

( )10.保持正面開朗的工作態度可：(1)建立良好人際關係　(2)獲取主管的好感　(3)巴結顧客　(4)討好同事。　❶

解析 建立良好的員工、顧客等人際關係，要先保持正面工作態度。

( ) 11.在門市中經手的顧客資料：(1)必須保密 (2)可攜出參考 (3)出售給名 ❶
單公司 (4)拿來算命。

解析 顧客資料屬於公司財產，必須保密勿洩漏。

( ) 12.挪用門市商品是：(1)監守自盜 (2)隨機應變 (3)物盡其用 (4)節儉 ❶
持家 的行為。

解析 門市商品屬於公司財產，未經許可取走就是偷竊。

( ) 13.當顧客抱怨時應：(1)站在公司立場據理力爭 (2)不予理會 (3)推託主 ❹
管不在，隨意打發 (4)以同理心傾聽。

解析 站在顧客的立場，感同身受，發揮同理心並對待之。

( ) 14.對公共環境管理應：(1)隨時保持清潔環境 (2)不是自己製造的垃圾不 ❶
處理 (3)指使他人清掃 (4)任意破壞。

解析 維護公共環境的責任是每個人的義務。

( ) 15.工作時的情緒管理應：(1)工作效率隨情緒起伏 (2)任意發洩不滿之語 ❸
(3)隨時調適至正面心態 (4)重摔物品發洩情緒。

解析 適時調節至正面心態，是良好的情緒管理做法。

( ) 16.對待新進同事應：(1)保持距離 (2)刻意拉攏 (3)適時協助 (4)工作 ❸
壓榨。

解析 公司上下應當互相協助。

( ) 17.代表公司處理業務：(1)為爭取業績一切都先承諾客戶 (2)可暫時挪用 ❸
公款事後補回 (3)經手事務確實回報 (4)借用公司名義圖自我之便。

解析 確實交辦公司事務，未經許可不能擅自決定，給予任何承諾。

( ) 18.發現因自我疏失而導致公司受損時應：(1)私下改進 (2)改進不認錯 ❹
(3)不必向主管報告 (4)必須向主管報告。

解析 發生過錯時導致公司受損，應立即報告，避免損失擴大。

( ) 19.使用門市公共用品應：(1)用後歸位 (2)占為己有 (3)任意濫用 (4) ❶
隨意擺放。

解析 借用門市物品使用完畢應歸還。

( ) 20.代理同事工作時應：(1)以自己的工作為主其餘不重要 (2)確實了解職 ❷
務內容善盡責任 (3)應付交差等待同事歸位 (4)藉代理之名任意胡作
非為。

解析 確實了解代理的工作內容，並且克盡職責。

( ) 21.與主管相處應：(1)隨時報告同事的缺失　(2)逢迎主管的喜好　(3)恐懼 ❹
犯錯刻意遠離　(4)保持自然遵守公司規定。

解析 保持自然，從容應對，不可逢迎拍馬屁、暗中傷人。

( ) 22.與同事相處應：(1)評論同事外貌　(2)探查私人隱私　(3)故意排擠 ❹
(4)注意禮貌相互支援。

解析 批評他人、探人隱私、排擠他人都是不道德的行為。

( ) 23.如需代為簽收同事信件或物品不應：(1)留下送件人姓名及聯絡方式 ❸
(2)確實轉交　(3)自行拆閱　(4)記錄收件時間。

解析 他人文件郵件不可隨意拆閱，窺竊他人隱私。

( ) 24.離職後對前公司機密事務：(1)可大肆宣傳　(2)應保守機密　(3)拷貝機 ❷
密自行創業　(4)販售機密予同業。

解析 員工對於公司相關作業、技術資訊應確實保守，切勿洩漏。

參考資料

全省門市服務乙丙級考場一欄表

■北部地區考場

單位	職類	級別	崗位數	考場地址	電話
德明技術學院	門市服務	乙級	60	臺北市內湖區環山路一段56號	02-26585801#2420
德明技術學院	門市服務	丙級	60	臺北市內湖區環山路一段56號	02-26585801#2420
臺北縣私立穀保高級家事商業職業學校	門市服務	乙級	60	新北市三重區中正北路560巷38號	02-29712343112
臺北縣私立穀保高級家事商業職業學校	門市服務	丙級	60	新北市三重區中正北路560巷38號	02-29712343112
國立三重高級商工職業學校	門市服務	丙級	60	新北市三重區中正北路163號	02-29715606#530
致理技術學院	門市服務	乙級	60	新北市板橋區文化路一段313號	02-22576167
致理技術學院	門市服務	丙級	60	新北市板橋區文化路一段313號	02-22576167
臺北縣私立莊敬高級工業家事職業學校	門市服務	乙級	60	新北市新店區市民生路45號	02-22188956#136
臺北縣私立莊敬高級工業家事職業學校	門市服務	丙級	60	新北市新店區市民生路 4 45號	02-22188956#136
東南科技大學	門市服務	乙級	60	新北市深坑區北深路三段152號	02-86625921
東南科技大學	門市服務	丙級	60	新北市深坑區北深路三段152號	02-86625921
萬能科技大學	門市服務	乙級	60	桃園縣中壢市水尾里萬能路1號	03-4515811#85885
萬能科技大學	門市服務	丙級	60	桃園縣中壢市水尾里萬能路1號	03-4515811#85885
行政院勞工委員會職業訓練局桃園職業訓練中心	門市服務	乙級	60	桃園縣楊梅市秀才路851號	03-4855368
行政院勞工委員會職業訓練局桃園職業訓練中心	門市服務	丙級	60	桃園縣楊梅市秀才路851號	03-4855368

■中部地區考場

單位	職類	級別	崗位數	考場地址	電話
國立臺中高級家事商業職業學校	門市服務	乙級	60	臺中市東區和平街50號	04-2223307
國立臺中高級家事商業職業學校	門市服務	丙級	60	臺中市東區和平街50號	04-2223307
嶺東科技大學	門市服務	乙級	60	臺中市南屯區嶺東路1號	04-23892824
嶺東科技大學	門市服務	丙級	60	臺中市南屯區嶺東路1號	04-23892824
國立豐原高級商業職業學校	門市服務	乙級	60	臺中縣豐原市園環南路50號	04-25283556#253
國立豐原高級商業職業學校	門市服務	丙級	60	臺中縣豐原市園環南路50號	04-25283556#253
國立員林高級家事商業職業學校	門市服務	丙級	60	彰化縣員林鎮中正路56號	04-8320260
環球科技大學	門市服務	乙級	60	雲林縣斗六市嘉東里鎮南路1221號	05-5370988#2642
環球科技大學	門市服務	丙級	60	雲林縣斗六市嘉東里鎮南路1221號	05-5370988#2642
國立虎尾農工	門市服務	丙級	60	雲林縣虎尾鎮博愛路65號	05-6322767
國立草屯高級商工職業學校	門市服務	乙級	60	南投縣草屯鎮墩煌路三段188號	049-2362082
國立草屯高級商工職業學校	門市服務	丙級	60	南投縣草屯鎮墩煌路三段188號	049-2362082

■南部地區考場

單位	職類	級別	崗位數	考場地址	電話
嘉義縣私立萬能高級工商職業學校	門市服務	乙級	60	嘉義縣水上鄉萬能路1號	05-2687777
嘉義縣私立萬能高級工商職業學校	門市服務	丙級	60	嘉義縣水上鄉萬能路1號	05-2687777
吳鳳科技大學	門市服務	乙級	60	嘉義縣民雄鄉建國路二段117號	05-2267125
吳鳳科技大學	門市服務	丙級	60	嘉義縣民雄鄉建國路二段117號	05-2267125
國立臺南高級商業職業學校	門市服務	丙級	60	臺南市健康路一段327號	06-2657049

單位	職類	級別	崗位數	考場地址	電話
國立曾文高級家事商業職業學校	門市服務	乙級	60	臺南縣麻豆鎮和平路9號	06-5727824
國立曾文高級家事商業職業學校	門市服務	丙級	60	臺南縣麻豆鎮和平路9號	06-5727824
南臺科技大學	門市服務	乙級	60	臺南縣永康市尚頂里南臺街1號	06-2533131
南臺科技大學	門市服務	丙級	60	臺南縣永康市尚頂里南臺街1號	06-2533131
行政院勞工委員會職業訓練局臺南職業訓練中心	門市服務	乙級	60	臺南縣官田鄉二鎮村官田工業區工業路40號	06-6985945#290
行政院勞工委員會職業訓練局臺南職業訓練中心	門市服務	丙級	60	臺南縣官田鄉二鎮村官田工業區工業路40號	06-6985945#290
行政院勞工委員會職業訓練局南區職業訓練中心	門市服務	乙級	60	高雄市前鎮區凱旋四路105號	07-8210171
行政院勞工委員會職業訓練局南區職業訓練中心	門市服務	丙級	60	高雄市前鎮區凱旋四路105號	07-8210171
高雄市私立樹德高級家事商業職業學校	門市服務	乙級	60	高雄市三民區建興路116號	07-3963813#2803
高雄市私立樹德高級家事商業職業學校	門市服務	丙級	60	高雄市三民區建興路116號	07-3963813#2803
高雄市私立三信家事商業職業學校	門市服務	乙級	60	高雄市苓雅區三多一路186號	07-7517171
高雄市私立三信家事商業職業學校	門市服務	丙級	60	高雄市苓雅區三多一路186號	07-7517171
和春技術學院	門市服務	乙級	60	高雄縣大寮鄉琉球村農場路1之10號	07-7889888
和春技術學院	門市服務	丙級	60	高雄縣大寮鄉琉球村農場路1之10號	07-7889888
樹德科技大學	門市服務	乙級	60	高雄縣燕巢鄉橫山路59號	07-6158000
樹德科技大學	門市服務	丙級	60	高雄縣燕巢鄉橫山路59號	07-6158000

■東部地區考場

單位	職類	級別	崗位數	考場地址	電話
國立宜蘭高級商業職業學校	門市服務	乙級	60	宜蘭縣宜蘭市延平路50號	03-9381417#408
國立宜蘭高級商業職業學校	門市服務	丙級	60	宜蘭縣宜蘭市延平路50號	03-9381417#408
國立蘇澳高級海事水產職業學校	門市服務	丙級	60	宜蘭縣蘇澳鎮蘇港路213號	039-951661
國立花蓮高級商業職業學校	門市服務	乙級	60	花蓮市中山路418號	03-853-8217
國立花蓮高級商業職業學校	門市服務	丙級	60	花蓮市中山路418號	03-853-8217
國立臺東高級商業職業學校	門市服務	丙級	60	臺東市正氣路440號	089-350575#2506

考試用書

門市服務丙級技能檢定【學術科】

編 著 者／蕭靜雅
出 版 者／揚智文化事業股份有限公司
發 行 人／葉忠賢
總 編 輯／閻富萍
主　　　編／范湘渝
地　　　址／新北市深坑區北深路三段 260 號 8 樓
電　　　話／(02)86626826　　86626810
傳　　　真／(02)2664-7633
網　　　址／http://www.ycrc.com.tw
　E-mail ／service@ycrc.com.tw
印　　　刷／鼎易印刷事業股份有限公司
　I S B N ／978-957-818-992-8
初版二刷／2014 年 3 月
定　　　價／新臺幣 350 元